马克笔建筑画与视觉笔记

中国电力出版社

刘辉 著

U0251044

内容提要

　　"视觉笔记"为同济大学建筑学院一年级基础课程。其通过实习，教授学生一种新的表现方法，即把建筑构件、建筑局部等分门别类，加以手绘以及文字组织在八开大小的画纸上。本书正是这一教学方法的总结，其将美术基础课与专业课结合，以"视觉笔记"方式培养观察能力、构图方法、构图形式，从而掌握设计语言。本书内容包括马克笔画概述及写生技法，城市建筑景观写生与视觉笔记表现，古民居、水乡古镇视觉笔记表现赏析，书中具有大量课堂范例与作品讲解，并附课程教学安排。本书适合建筑学、景观设计、城市规划等相关专业师生参考与借鉴，也适合作为高等院校建筑学等相关专业教学参考用书。

图书在版编目（CIP）数据

马克笔建筑画与视觉笔记／刘辉著．—北京：中国电力出版社，2017.4

ISBN 978-7-5198-0432-9

Ⅰ.①马… Ⅱ.①刘… Ⅲ.①建筑画－绘画技法 Ⅳ.①TU204

中国版本图书馆CIP数据核字(2017)第035842号

出版发行：中国电力出版社
地　　址：北京市东城区北京站西街19号（邮政编码100005）
网　　址：http://www.cepp.sgcc.com.cn
责任编辑：王　倩　（邮箱：ian_w@163.com）
责任校对：郝军燕
装帧设计：锋尚设计
责任印制：郭华清

印　　刷：北京盛通印刷股份有限公司印刷
版　　次：2017年4月第一版
印　　次：2017年4月北京第一次印刷
开　　本：889毫米×1194毫米　16开本
印　　张：7.75
字　　数：228千字
印　　数：0001－3000册
定　　价：56.00元

序

马克笔早已成为设计师不可或缺的绘图工具，其方便快捷的使用性能、简练概括的艺术特点，是其他绘图工具无法替代的。

当今电脑绘图软件的迅速发展，给传统的艺术造型教学带来了不小的冲击，课程的压缩、更新也都给教师带来了压力。一方面建筑相关专业学生的美术基础为零；另一方面当今学科的发展又需要学生具有较高的艺术素养。马克笔建筑画与视觉笔记教学是我们近几年的教学尝试与探索，该课程尽可能地与其相关专业相结合，在解决艺术造型基础练习的同时，又能实现对建筑相关知识的认识、加强记忆与理解。

马克笔是设计师快速表达设计意图较为理想的工具之一，其使设计师们在进行设计构思、草图方案的表现时，能最大限度地达到心与手的高度协调统一，也就是所谓的笔随手动，手随心动，心随眼动。马克笔绘画在诸多设计造型艺术的各个领域得到了广泛运用，其已发展成为一种具有独特审美特征的、快捷有效的造型艺术表现形式。

建筑、规划、景观园林等相关专业对其马克笔绘画的掌握更为迫切与需要，不仅仅是设计构思、草图方案、快题设计等，也不仅仅是艺术造型基础的训练，更是一种艺术理念和设计语言。其意义不在于是用简单、快捷的工具，随时随地、自由记录与表达人们的思想情感和设计思路，而更为重要的是对传统艺术造型教学的捍卫与拓展。

本书从介绍马克笔的特性开始，详细阐述了马克笔在写生中的各种表现形式与方法技巧，城市、古民居的写生特点，以及运用马克笔绘画对艺术造型基础课程教学的探索与研究进行的"视觉笔记"课程训练。本书附有作品图例260余幅，适合高等院校建筑学、城乡规划设计、景观园林设计、环境艺术设计，以及相关专业师生，也适合建筑美术爱好者参考与借鉴。

目 录

第一章

马克笔概述及

写生技法

马克笔，又称麦克笔，它的产生主要适应于现代设计领域，各种色相、明度、纯度、彩度的颜色约有一两百种。其通常用来快速表达设计构思、草图，以及设计效果图之用。有什么样的绘画工具，就有什么样的绘画技法，马克笔作为绘画工具，因其本身的性能表现，具有作画快捷、色彩丰富、表现力强等特点，尤其受到建筑相关专业学生、设计人员的喜爱。

（一）工具材料及性能表现

学习要点：
★针管笔、马克笔、彩铅、纸张等工具材料的性能及运用

1. 针管笔

马克笔绘画通常需要先画线稿，若是写生绘画练习，一般中性水笔即可，实惠方便。现今多种品牌的一次性针管笔，墨水量比普通笔大，耐用，出水流畅，手感舒适（图1-1）。

如需打轮廓可用HB铅笔，线稿完成待干后再用橡皮擦去，以免弄脏画面。

2. 马克笔

马克笔按其溶剂类别分为水性、油性和酒精性。

水性马克笔，单头，颜色亮丽有透明感。不足的是一般笔头较窄，干掉之后不耐水，现在基本上很少用。

油性马克笔快干、耐水，而且耐光性相当好，保存时间长，颜色多次叠加不会伤纸，柔和。美国Chartpak AD马克笔，单

头油性的130种颜色，笔头弹性好且不易磨损，效果很好。溶剂为二甲苯，味道很大，颜色鲜艳大方，纯度、饱和度高，不易褪色。因其价格较贵，学生也很少用。

酒精性马克笔可在光滑表面材质上书写，其速干、防水、环保，主要的成分是染料、变性酒精、树脂，墨水具挥发性，应于通风良好处使用，使用完需要盖紧笔帽，要远离火源并防止日晒，其价格便宜，是最为常用的马克笔。具有代表性的马克笔以Touch马克笔最为常用，它有大小两头，水量饱满，酒精溶剂，全套204色，价格便宜，初学者用45~60支套装就够用了。

图1-1　王晶晶

提示： 针管笔的笔头粗细一般选用0.3mm、0.5mm、1mm，比较适合写生表现。

FANDI凡迪马克笔，双头152色，也比较适合学生使用（图1-2）。

3. 彩铅

马克笔绘画需要表现一些云彩、石块墙面等质感时也常常借助彩铅的辅助，主要考虑到彩铅携带方便，色彩丰富，表现手法快速、简洁的特点。现在国产的水溶性彩色铅笔也不错，一般24色、36色铁盒套装都可选择，作为马克笔的辅助足够用了（图1-3）。

4. 纸张

马克笔绘画用纸最好选用专用纸，因其纸层含防水材料，纸张光滑，颜色不会透到纸背，也相应延长了马克笔的使用时间。一些国产的马克笔专用手册、纸张也比较理想，价格都差不多（图1-4）。设计师案头常用的硫酸纸也行，就是遇水容易起皱（图1-5）。一般卡纸、复印纸、有色纸也能使用，恰当使用也可达到意想不到的效果（图1-6、图1-7）。

（二）马克笔的色彩与笔法练习

学习要点

★熟悉、认识马克笔型号与色彩

★线条表现直、齐、爽快

1. 马克笔的色彩

马克笔的色彩种类较多，多达上百种，这里以最为常用的Touch马克笔为例，以专业、色彩类别、表现对象等列表给初学者介绍一下如何购买，挑选颜色。经过一段时间的学习，也可以根据需要而选择自己喜爱的色系。

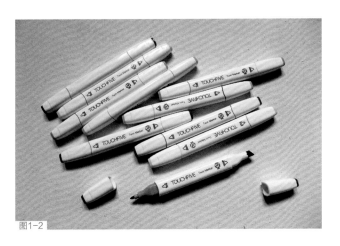

图1-2

提示：彩铅画完后可以用储水毛笔或使用0号马克笔（调色稀释混色除色用）润染，具有水彩效果。

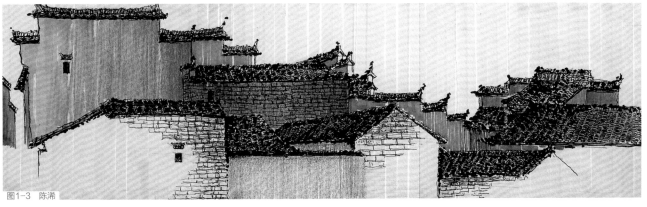

图1-3 陈浠

图1-4 方思婷

图1-7 刘辉

图1-5 陆趣

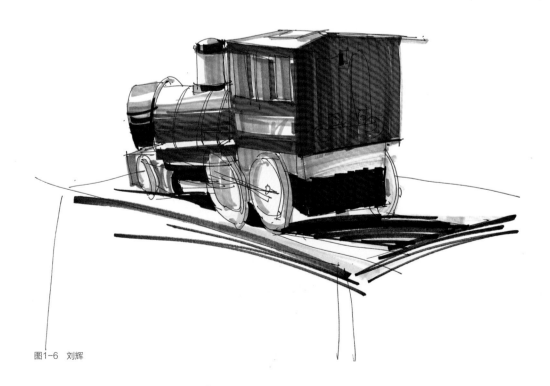

图1-6 刘辉

专业	色彩类别	Touch马克笔颜色型号	适于表现的对象
建筑45色	灰色	BG1，BG3，BG5，BG9，CG1，CG3，CG5，CG7，120，WG0.5，WG1，WG3，WG5，WG7	黑白灰调子表现
	暖色	21，25，34，36，41，93，95，97，98，99，100，102，104	木色
	冷色	42，43，47，48，56，59，50	植物
	冷色	67，68，74，75，76，77	水，玻璃
	其他	12，22，28，83，88	分析图
规划45色	灰色	BG1，BG3，BG5，BG9，CG1，CG3，CG5，CG7，120，WG0.5，WG1，WG3，WG5，WG7	黑白灰调子表现
	暖色	21，24，25，28，34，36，93，95，97，98，99，100，102，104	木色
	冷色	42，43，48，50，52，59	植物
	冷色	67，68，75，76，77	水，玻璃
	其他	1，7，12，22，28，83	分析图
景观55色	灰色	BG1，BG3，BG5，BG9，CG1，CG3，CG5，CG7，120，WG0.5，WG1，WG3，WG5，WG7	黑白灰调子表现
	暖色	21，24，25，28，31，34，36，41，93，95，97，98，99，100，102，103，104	木色
	冷色	42，43，47，48，50，52，54，56，59	植物
	冷色	63，67，68，74，75，76，77	水，玻璃
	其他	1，7，12，17，22，28，83，88	分析图
建筑设计师40色		1，7，25，36，37	建筑材质表现色
		41，42，43，46，47，49	绿色配景色
		51，54，58，59	绿色配景搭配色
		66，68，74，84	天空、建筑点缀色
		92，97，102，103，104	木质材质色
		蓝灰BG1，BG-3，G-5，BG7，BG9	不锈钢表现色
		冷灰CG-1，CG-3，CG-5，CG-7，CG-9，120	冷灰常用结构表现色
		暖灰WG-1，WG-3，WG-5，WG-7，WG-9	暖灰常用结构表现色

提示：若经常写生，WG灰色用途较多，1～9号可以都买。

　　油性马克笔的墨水因为含有油精成分，较容易挥发，使用后要随时合好笔帽。

图1-8 刘辉

图1-9 蔡一凡

2. 笔法练习

　　马克笔的笔法练习起初可以单独来练习，线条要直、齐、爽快，不拖泥带水，富有节奏和变化。在塑造物体的光影变幻、体积质感时，需要像素描一样，表现物体的黑白灰等色阶变化，我们可以利用马克笔的灰色系列来表现其黑白灰层次，也可以单独使用一支马克笔来表现（图1-8、图1-9）。

　　在有了对马克笔的感性认识之后，可结合几何体、日常道具等静物写生来训练马克笔的各种线条笔法。马克笔颜色亮丽、笔触明显，通过笔触间的并置与叠加而产生丰富而生动的形色变化，使用时我们尽可能发挥其长处，不必对细节进行深入细致的刻画，从而失去马克笔本身的灵动与方便快捷的特性（图1-10～图1-13）。

图1-10 刘辉

图1-11 刘辉

图1-12 陈亦凡

图1-13 张力曼

提示：最初练习时，边线可以用纸遮挡一下，以此来保证一边是整齐的，最忌用笔琐碎或零乱。

（三）透视基础与构图

学习要点

★透视、构图

　　一讲到透视，同学们马上想到画法几何，立面、剖面、阴影透视等，大多有畏难情绪，我们这里讲的透视更多的是感性的一面，主要是从写生图例来了解透视与构图。

　　一点透视，也称平行透视。以正立方体为例来看一点透视，如果正立方体两组正面轮廓线平行于画面，那么这两组轮廓线的透视就不会有灭点，只有纵深轮廓线会有灭点。这样画出的透视称为一点透视。在此情况下，正立方体就有一个方向的立面平行于画面，故又称正面透视（图1-14~图1-17）。

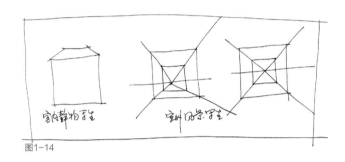

图1-14

图1-15 陈智鑫

图1-16　李舒文

图1-17 蔡一凡

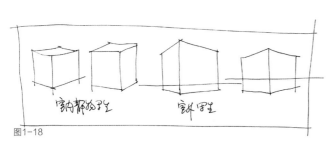

图1-18

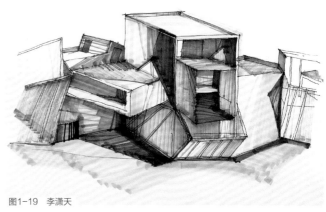

图1-19 李潇天

二点透视，也称成角透视。以正立方体为例来看二点透视，如果正立方体仅有竖向轮廓线与画面平行，而另外两组水平的主向轮廓线，均与画面斜交，在视平线上形成了左右两个灭点，这两个灭点都在视平线上，这样形成的透视图称为两点透视。正因为在此情况下，正立方体的两个立角均与画面成倾斜角度，故又称成角透视（图1-18~图1-20）。

三点透视，仰视、俯视都可称为三点透视，一般用于近距离高层建筑的画法（图1-21）。

散点透视，是指画者的视点不是固定在一个地方，而是根据感受和需要，移动着立足点进行观察，各个不同立足点上所看到的东西，都可组织进自己的画面上来。这种透视方法，叫作"散点透视"（图1-22）。

图1-20 陈欣

图1-21 陈亦凡

有了透视，画面就有了远近、有了空间、有了生气。我们可以运用透视的基本原理来表现空间，用目测法感觉透视线和消失点，大致准确就可以。这种方法可大大提高画面构图、表现的速度，而且能生动准确地表述所要表现的场景。

构图与观察、思考也是不可分割的，通常思考比单纯的看更为重要，没有思考就很难有好的构图。要带着思考去观察、去构图，这就需要知识的积累、文化的积淀和艺术素养的提高，以提升艺术知觉，再去影响我们的观察能力和构图能力。构图不仅对画面元素的安排起作用，还决定了整个画面的精神。

构图的主要形式有中心构图、水平方向构图、垂直方向构图、斜线构图、边角构图、满构图等。一条小径、弄堂或一条流经村落的小河都会引导你的视线，据此来把握我们的画面构图（图1-23~图1-26）。

图1-22 卢宇婷

图1-23 孙潇

图1-24 李舒文

图1-25 吴兴斌

图1-26 陈蕊

　　提示：表现空间场景要从大局入手，明确大致的消失点，定好视地平线，再画透视轮廓，即根据物体的结构造型画几条轻一些的透视线。我们徒手表现的要求只是大致准确，只要保证大体上的轮廓和比例关系符合透视原理，视觉上感觉舒服就行了。

（四）线稿技法

学习要点

★线条的运用

线稿对于马克笔写生表现来说至关重要，其本身就是马克笔绘画的一部分。线条是造型艺术中最重要的元素之一，它在画面中不仅具有确定物体的轮廓、结构，以及色彩边缘界定等作用，也通过其本身的粗细、曲直、虚实、轻重、缓急等来表现绘画的形式美感。因此，打好线稿的基础就显得极为重要。在练习线稿的时候，要记住直线的爽快及曲线的流畅、灵动，理解线条是"写"出来的，不是"描"出来的，不要用琐碎、拖沓的线条来塑造物体。线条要达到明确肯定、刚柔结合、曲直并用（图1-27、图1-28）。

马克笔建筑画写生的线稿，我们通常以针管笔、中性水笔为主。笔触丰富细腻、可简可繁，方便马克笔着色（见图1-29）。

使用美工笔来画线稿较难掌握，基础较好的同学可以尝试，甚至直接使用马克笔来进行线条训练（图1-30~图1-32）。

线条看似单纯，其实千变万化。运笔力度细小，而且线条疏松，线条淡而虚，运笔转折圆柔，表示质地轻软。运笔力度大，较为平稳，线条深而实，运笔转折带方形，表示质地坚硬。运笔快而流畅，表示活泼；运笔慢而顿挫，表示稳固、严谨。

为了方便学习，我们可以把线条大致分为直线、曲线、不规则线来学习，也绝不能简单、教条地去加以处理。我们在画线条时，要明白画什么，表现什么，脑中要有所画物体的形象，熟悉物体的组织结构以及表现的方法，才能使线条运用自如，画面灵动，达到"写"的境界。

提示：速写的线条是"写"出来的，不是"描"出来的。

图1-27　朴世英

图1-28 何伟

图1-29 李惠序

图1-30 刘辉

图1-31 赵梓含

图1-32 李雪凝

（五）写实、写意、装饰与综合表现

1. 写实性与概括表现

学习要点

★笔触整齐、把握整体

　　马克笔的写实表现因其本身的材料性能特点，更适合简练、概括的表现。当然作为一种绘画形式，也可以类似于传统的水彩、水粉画那样，由浅到深、由灰到纯，层层叠加，以求达到丰富、细腻，给人以震撼的效果。

　　学习马克笔绘画技法通常从静物写生入手，室内静物写生有两个好处：一是有利于各种笔触的训练，柔软的衬布，各种水果、花卉、陶瓷、玻璃器皿等，不同质地的静物有着不同的笔触表现；二是便于色彩的观察、分析，室内光源稳定，色彩冷暖变化清楚，有利于初学者的观察与思考、分析与比较。在进行静物的表现时，首先应确立构图与形态的主次，在完成线稿的基础上，做淡灰色系列的铺垫；并确定画面的主色调、把握画面的整体色彩关系；再根据画面的需要，选择较主要的景物，用灰色将景物的主次与前后关系进一步区分出来；然后用较浅色调进行面积较大区域的着色。当再次进行着色时，就可以进行深色调以及纯度比较高的色调的着色。红色与紫色等高纯色因难以覆盖、修改，要慎用。最后调整时，注意马克笔笔触，不可

东一笔、西一笔，要掌握好笔触的整齐和一致性，使画面具有节奏感和整体感（图1-33~图1-36）。

图1-34 熊晏婷

图1-33 方思婷

图1-35 葛俊雯

图1-36 孙可

无论是写生训练还是快题设计，概括、简练的写实表现是最为合适的，所以也通常被运用到马克笔的写生表现中。所谓概括、简练的写实表现就是运用概括简练的手法，进行具象的描绘，物体造型的表达对于整体结构还是要求严谨、写实、色彩丰富，有一定

的细节刻画。在构图上更加灵活、生动、有趣，边缘轮廓的处理也不必像西方绘画那样完整，有着中国绘画的取景构图方法，至少有一边或一角是松的，不齐的。强调虚与实、黑与白的转换、对比，在写实的基础上也更加强调意境的表达（图1-37~图1-40）。

图1-37 刘卿云-（马克笔临摹）

图1-38 辛知之

图1-39 李沙沙

图1-40 吴思

　　在进行这种形式的表现时，同样要先把握好景物的构图与形态的主次，完成线稿，用同一类型的灰色明确黑白灰的主要基调；再根据画面的需要，选择较主要的景物，进行面积较大区域的着色，把握画面的整体色彩关系，将景物的主次与前后关系进一步区分出来，然后深入刻画，进行深色调以及纯度比较高的色调的着色。最后调整时，同样注意马克笔笔触的整齐与灵动、画面色调的层次与整体（图1-41~图1-43）。

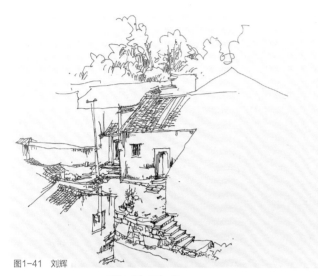

图1-41 刘辉

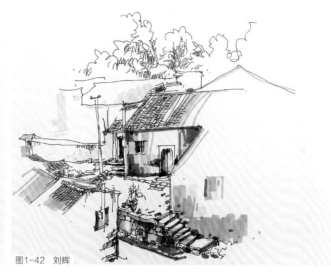

图1-42 刘辉

图1-43 刘辉

提示：水性马克笔更加适合写实、细腻的表达，纯度比较高的色彩着色要预留好位置。

2. 写意性与个性表现

学习要点

★写意、个性、形式美感的表现

马克笔的写意表现强调个性表达，形式不拘一格，可以以简单的色彩，灵活的笔触、书写，结合中国画的构图来表达意境；也可以不拘小节，以看似零乱的笔触，似乎不加确定的色彩来表现城市、街道的动感，又或许表达某种青春的情绪。建筑师的草图看似漫不经心，其实更加能够笔随心动，这不就是一个个灵感的源泉？不正是我们的所思所求？

马克笔的材质本身具有笔触整齐、粗细一致、坚韧、色彩明确的特点，比较适合于写意这种表现形式，所表达出来的形式感，具有生动流畅、简洁明了的视觉效果，具有独特的艺术形式美感。写意的表现形式看似简单，却需要有对造型、色彩及构图较高的概括能力。而且在表现中需要用笔简练肯定、概括流畅。因此，更多的时间应该放在画前的思考过程上，如构图、景物之间的关系、大的色调关系以及线条和笔法的运用等。也就是说未来的画面效果在脑海中已然有了一定的概念，了然于胸；想完以后，确定了所要表达的意图，接下来就可以一气呵成。所以，这种形式的表现更多的应该做到胸有成竹。它在画的过程中没有固定的模式，完全根据当时的感受和画面的需要，来确定表现手法。可以先用线稿，然后着色；也可以直接进行着色，或者线条与着色交替使用，所有这些目的只有一个，那就是将自我的感受和意图生动地表现出来。一幅作品成功的关键不光是技巧的熟练，更多地还涉及作

者的艺术素养。所以我们在学习马克笔绘画训练的同时，还要多向大师们学习，在学习他们的绘画技巧的同时，还要学习他们对艺术的思考、艺术的观念等。

写实与写意表现的马克笔绘画训练主要是培养学生的理性分析与感性表现这两个方面。写意表现可以借鉴西方印象派、表现主义等大师的作品，强调个人感受，个性表达；也可以借鉴中国传统绘画的艺术法则，不求形似，但求神似，注重气韵生动、借物抒情等。在学习中，强调心理感受、主观情绪的个性表达；强调马克笔笔触、肌理、画面的形式美感表现（见图1-44~图1-47）。

图1-44 阿马尼

图1-45 刘辉

图1-46 谢杰

提示：由于马克笔溶剂的挥发与变化、纸张的不同等都会引起色彩的变化，所以在着色之前可以先在画面的边上试用一下，以找准相应的色彩。

图1-47 韦寒雪

3. 装饰与综合表现

学习要点

★综合材料、技法的表现形式

马克笔绘画简洁明快、灵动有趣，携带方便，为我们外出写生、草图设计带来了很大的方便。为了弥补马克笔本身欠缺的质感表达、层次的丰富性，我们可适当与钢笔、彩色铅笔、油画棒、水彩和水粉及各色塑料水笔等相结合，这时画面效果往往会事半功倍；除了马克笔专用纸外，可以有效利用牛皮纸等有色纸的底色、卡纸的刮擦、半透明朦胧的硫酸纸，以及素描纸产生的晕染等视觉效果（图1-48、图1-49）。

马克笔作为一种绘图工具，无论是油性还是水性，都可以和许多其他的手绘工具相互搭配。在线描表现图的基础上，也可以用其他材料和技法进行较深入的刻画。彩色铅笔与马克笔的结合较为广泛，它的特点是用笔轻快、线条感强、视觉感受较为平淡和细腻，能够相对深入地刻画一些局部的细节（图1-50）。此外，还有色粉笔、水彩和油画棒等，都可以和马克笔混合使用，其效果往往也各具特色。多种手段与材料的综合使用，不仅增强了画面丰富多彩的变化及层次感，更能够使得作画者在使用它们时，能够体验到由不同的工具与材料的综合表现的变化可能性，以及由此所带来的不同形式上的视觉感受。它开拓了我们的视野，丰富了我们的思维，使我们的动手能力得到锻炼与提高（图1-51）。

图1-48　陈卓

图1-49 李沙沙

图1-50 李雪凝

图1-51 何伟

图1-52 蒋文茜

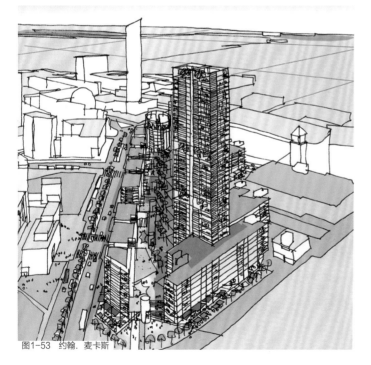

图1-53 约翰. 麦卡斯

提示： 修正液、高光笔在画水、水中的石头、树叶等都会起到点睛之笔的效果。

马克笔绘画要均匀地涂出成片的色块比较困难，我们不妨就自然留出马克笔笔触痕迹，均匀、爽快，边界作一下遮挡，使画面整齐划一，结合古民居高低错落极富形式感的马头墙。如用水彩或水粉做大面积的天空，地面和墙面，或者建筑师用电脑设计草图，然后用马克笔刻画细部或点缀景物，以扬长避短，相得益彰，可极大地提高工作效率（图1-52、图1-53）。

在基础造型训练的同时，我们始终要明确，学习的目的之一是要找到自己的风格，一个独特风格的形成不光是勤奋就能获得的，它需要我们有意识地去寻找，去把握一个念头、一个醒悟，灵感的闪现永远是给一个积极准备的人。学习是一个从无法到有法，再从有法到无法的过程，在艺术的世界里恣意挥毫是每一个画者的终生追求。

（六）作品赏析

这一幅是学生按照摄影作品临画的，目的是练习马克笔笔法，熟悉马克笔色彩。整个画面画风谨严、造型表现细致入微，画幅四开大小，用时二周，以水性马克笔画成，是一幅不错的习作。

图1-54 李舒文

这幅习作是留学生所画，造型概括、直接，不过分强调笔触，在色彩处理上强调形体，不管冷暖变化，或许画面显得幼稚，但细细品味倒也有趣，极具装饰美感。

图1-55 伍建齐

这幅写生习作的成功之处在于色彩的冷暖处理比较好，弄堂的冷灰与受光墙面的暖色形成强烈对比，暖色墙面的背阴处又以冷灰、深赭色叠压，加上左侧墙面的灰色，增加了画面的层次，灯笼以紫红着色使画面更加协调。

09.8.29 西塘 晏武旭

图1-56 晏龙旭

画面的黑白灰安排得当，画面主体以左侧为主，造型、色彩表现具体、丰富，而右侧建筑不能再减的深灰色调提"亮"了画面效果。

图1-57　蒋文茜

建筑场景的写生难点是构图，画面安排景物过多，容易繁琐而无序，安排的少则显得画面简单而空洞。这幅写生作品则通过树木的呼应，廊柱、石板街的描绘将画面自然地衔接起来，耐看而有趣。

图1-58 蒋若薇

纸张本身的布面纹理得到很好的利用，淡淡的暖灰色调，画面中间一处深色调与之形成鲜明对比，并没有突兀之感，笔触的处理上如果能像台阶的处理一样再爽快些就更好了。

图1-59 李雪凝

笔触简练、爽快，小院的藤架生机盎然，其实画面色彩极其概括，建筑物与地面以冷灰色处理，绿色也只是两三种，加以少量的赭色桌凳，勾勒出夏日的清凉。

图1-60　潘婧楠

作者喜欢用紧张、扭曲的线条，或许是受到大师席勒的影响，用来表现江南小桥流水人家不甚妥帖，我虽不喜欢，但造型、色彩的处理上也算完美，是他过于追求风格吧。

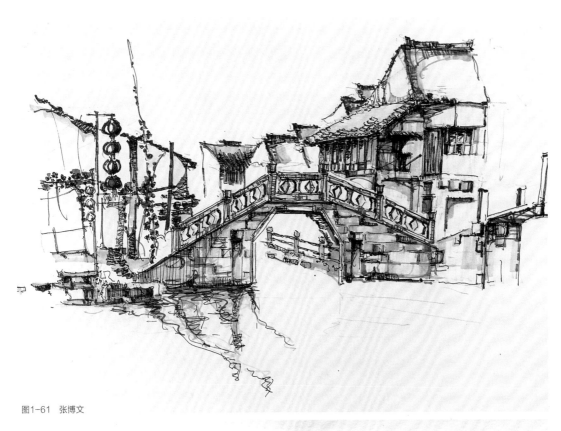

图1-61　张博文

水彩的简单晕染是马克笔绘画所不易表现的，写生时也可以备一盒固体水彩。

图1-62　来佳莹

彩铅与马克笔完美结合，画风细腻、色彩明快，透视、造型准确，植物画得略显琐碎，若能概括、整体一些，那就更好了。

图1-63　王晶晶

第二章

城市建筑景观写生

与视觉笔记表现

学习要点

★马克笔室外写生表现技法

★城市建筑空间表现

通过一个阶段的室内写生、研习，我们掌握了马克笔的笔触、线条、块面的基本表现技巧，但室内写生通常是静态的形体、稳定的光源；而室外写生会遇到各种复杂的变化，各种气象条件、人、车等的变动，这些都会对作画产生较大的影响，当然也会带来绘画的激情。室外的阳光灿烂会给物象增添绚烂的色彩，阴雨连绵将滤掉繁琐的细节，营造一种迷蒙的氛围，给画面带来诗意。季节的变化、空间的转换，建筑景观的写生虽从各个方面都与室内写生有着显著的不同，但如果我们本着从简单到复杂、从局部到整体地学习，从在教室里临摹、研习到室外的实践，循序渐进地学习，还是能够有所收获的。

（一）校园植物、园林小景

1. 植物

学习要点

★笔触的灵活运用

植物是风景画中最普遍的题材，也是建筑画中重要的配景之一，它历来为许多画家和建筑师所重视，也可单独成为美术作品的主题。在建筑环境里作为配景，花草与植物一般作为点缀之笔，在画面中起着丰富构图、营造氛围的作用，给画面带来勃勃生机之感。特别是马克笔的绘画中，不必刻画得过分细致，但要勾画出它们自由弯曲的生动形态；同时在表现的过程中，不必过分地强调出它们的纯度强弱，只要在某些关键的阴影部分稍微强调一下即可（图2-1、图2-2）。

图2-1 龚修齐

树木种类繁多，一般都是把握树的形状和轮廓，轻轻地用点作一下标记，从粗的树干画起，理清枝干之间的疏密穿插关系等，逐渐向上画树枝和树叶；表现树叶时，连续曲线、不规则线、叶形画法可灵活运用。画树我们可以选择单株树，甚至从其中的局部开始，然后过渡到一组树进行写生。线稿完成以后，根据不同的树种或画面的需要，一般用暖灰色的马克笔先从树干、树枝画起，由浅到深逐渐着色；再由浅到深画绿色的树叶部分，注意留出高光处，切忌画得过满；最后根据需要用冷灰色或天蓝色画天空背景，映衬高大树木尺度的人物用高纯度色来画，起着对比、渲染气氛的作用。在马克笔写生表现中，无论植物的变化有多么复杂，都要把握好受光部与背光阴影部分的关系，笔触之间的转折过渡要衔接自然（图2-3、图2-4）。

图2-2　叶晓婷

图2-3　刘辉

图2-4　刘辉

如树木出现在画面的显要位置时应先画树。在画一组树时，要了解树和树之间、树枝和树枝之间相互交错的关系。在写生时应从整体观察和表现出发，重点刻画一两棵树，其余树概括处理，对于远处成片的树一般作为背景来处理；近景的树要画得清楚，树干表面的节结裂纹也可表现出来；中景的树层次较少；远景的树只能看到不太清楚的轮廓，没有什么层次，可画成平面的剪影形式，以表现它们的轮廓特征。室内花卉、盆景的写生训练必不可少，光线固定，画画不受天气、时间的限制，在进行室外写生之前，最好能画个两三幅（图2-5~图2-7）。

在建筑写生表现中，树木的造型表现相对于建筑物本身来说还是应该尽量减少细节的刻画，以大的色块，简练灵活、富有节奏的笔触，对比协调的色彩关系来烘托、渲染画面的氛围，一簇芭蕉树、一片藤蔓植物都会给建筑物带来生机（图2-8、图2-9）。

图2-5 许琳昕

图2-6 辛知之

图2-7　李沙沙

图2-8　沈思韵

图2-9　李舒文

2. 园林小景表现

学习要点

★山石、水景、园林的表现特点

在古民居建筑、现代建筑的环境中，由假山、石块、树丛植物、流水、花坛、雕塑等组成的园林小景随处可见，它们不仅起到美化环境、点缀建筑物的作用，好的景观甚至能够起到一个地标的作用。园林小景往往造型简单，适合初学者练习表现。线稿画好后，先用灰色表现石块大的黑白灰关系，将其造型准确、概括地刻画出来即可；一些树木可以画得密一些，以使整个画面色彩层次明确；最后以整齐的笔触描绘冷灰色或蓝色的天空，以高纯度色彩点缀花卉等（图2-10、图2-11）。

古民居依山而建，溪水从村中流过，这些自然朴实的场景无疑给都市人带来了一丝闲趣。而现代建筑的水景设置，清新、幽静的环境给人们的工作、生活、休闲带来了无限美好的遐想，也为画面增添了艺术情趣。山石、小径的绘制主要作为配景来表现，使用马克笔表现时主要把握小径的透视与山石的形体关系，抓住大的轮廓来描绘即可，色彩以灰赭色为主，简练概括；水面可用冷灰色、蓝色以平直线条或者一些连续有韵味的线条来表现；树木则以灵动的笔触、丰富的绿色来表现，但注意不要过于琐碎（图2-12、图2-13）。

整体园林设计的表现多以俯视来描绘。首先，在构图上合理安排形态之间的疏密关系，然后选择较容易出效果的透视角度；其次，在色彩的安排上，应根据主题设计的需要构思一个整体而主要的色调关系；先以灰色、赭石色表现建筑物、路面；再以绿色系表现植物，色彩要概括、笔触要整齐又要有节奏；其他该省略的要省略，避免繁琐、凌乱，力求设计主体物明确，与其他配景又有协调，在造型、色彩的表达上把握整体感（图2-14）。

图2-10　刘辉

图2-11　陈致鸳

图2-12 王晶晶

图2-13 王晶晶

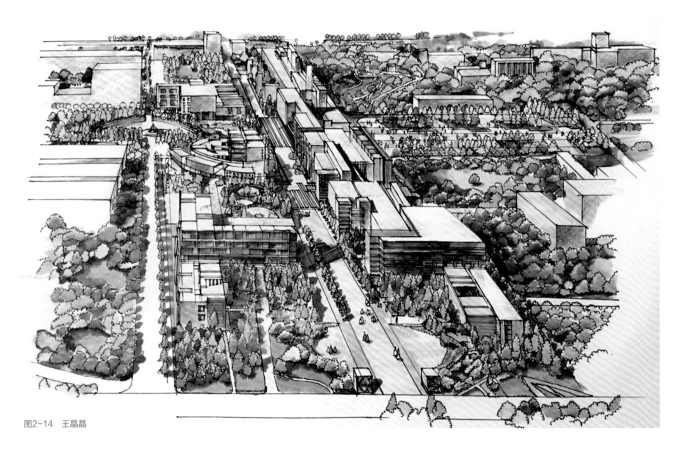

图2-14　王晶晶

（二）交通工具、生活用具与人物

学习要点

★ 交通工具与人物比例、尺度、动态

　　汽车、船舶等交通工具，可以作为建筑风景写生中的主要配景。在写生表现中主要要把握好交通工具与建筑尺度相协调以及与建筑功能和用途相符合。在画面中交通工具主要是起平衡画面构图、烘托环境气氛、增强画面动感、强化视觉中心，并烘托出主体建筑的作用。而细致、准确地刻画其形体结构，冷暖色调的倾向性表现则能增强其画面的艺术感染力。初学者平时在宿舍、家里也可以多画画日常生活用品，养成随时手绘日记的习惯（图2-15、图2-16）。

　　具体画法以面包车写生为例，首先把握好面包车的

外轮廓及其比例、透视关系；第二步从整体观察、局部入手，画好线稿；第三步，根据车子本身的色彩相应选择冷灰、蓝灰、绿灰或者暖灰色画好中间色调，笔触应平直、爽快，亮部、装饰色预留好；最后深入刻画黑白灰以及投影，鲜艳的装饰色一并点缀好即可（图2-17）。

　　建筑写生表现中，可以借人物的比例来了解建筑物的空间与尺度的关系，服饰描绘应与地区、季节相符，人物大小比例的安排应符合透视原理，分布要自然，与周围的景物相衬；在建筑风景写生中人物的表现主要起着点缀的作用，当然生动的人物姿态也可以活跃画面气氛，反映地域风情；因此，只要勾画出形态的大概轮廓及粗略的五官和服饰即可，线条要简洁概括，用马克笔着色时，应尽量与整个画面保持协调统一的关系，甚至不必着色（图2-18～图2-20）。

图2-15 贾宜如

图2-16 赵一夫

图2-17 刘辉

图2-18 陈蕊

建筑院校学生的美术基础相对薄弱，画人物对于他们来说难度较大，画时人物有个大概比例、动态即可，甚至可以用符号式的手法来表现人物的基本特征，重要的是要理解人物与建筑环境的依存关系。下面一组学生的视觉日记即是个不错的例子（图2-21）。

图2-19 庞健

图2-20 麻一诺

图2-21 孙可

提示：近景人物可以画五官，中景、远景人物画出衣着轮廓即可。

（三）门厅、楼道与室内空间

1. 门厅与楼道表现

学习要点

★ 建筑物局部的画法

建筑写生，一般都是遵循由简到繁的表现过程。马克笔建筑绘画也是一样，先从建筑局部开始，楼道、弄堂、门厅、屋顶依次进行。门厅、楼道的马克笔表现依然对透视的要求极为严苛，无论马克笔的技法多熟练，透视不准确，画面的空间感都会难以得到体现，从而使画面显得很别扭、不舒服（图2-22）。

现代建筑中，钢筋、水泥结构的楼道光挺、冰冷、强硬，透视感强，使用马克笔的冷灰色系CG或蓝灰BG表现即可，木扶手的暖色表现算是一丝心灵的抚慰。水乡、古民居的小弄堂表现，笔触可以柔和些，在色彩的选择上，尽量先使用暖灰WG去画；背光处适当用些冷灰色；墙根、墙面的苔藓、藤蔓用绿色来点缀；若需要画人物，最好留出空间，甚至考虑好比例关系，先画人物不失为一个好办法（图2-23、图2-24）。

画门厅、屋顶时会遇到家具、玻璃、台阶与各种屋顶、墙面等，它们的画法多种多样，关键是在把造型结构交代清楚的同时，要根据材质的变化把各种物体的质感要表现好，需要"随类赋彩"。色彩写生尤其着重光的表现，设计好留白；注意遮挡，以求笔触表现整齐；使用冷色表现玻璃、镜子，注意笔触的光滑、平直与留白和环境色的变化等。（图2-25、图2-26）。

图2-22　陈智鑫

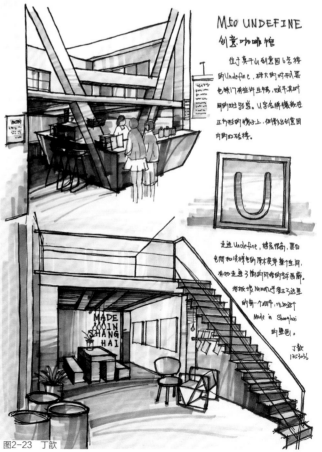

图2-23　丁歆

图2-24 曹竞文

图2-25 肖雅楠

图2-26 赵素倩

不同的建筑有着不同的屋面形式，应注意观察其材质与纹理。在表现时应灵活运用不同的笔触变化来描绘，台阶可运用短小的笔触加以黑白灰表现即可，与屋面的暖色形成对比，突出建筑物的表达。古民居与中国古典建筑的屋面多为筒瓦与琉璃瓦，色彩的变化受天气的影响很大，阴天多使用冷灰色、晴天以暖灰色为主，笔触也可以依据瓦垄的竖向排列去表现，以短小弧线来增加层次等（图2-27、图2-28）。

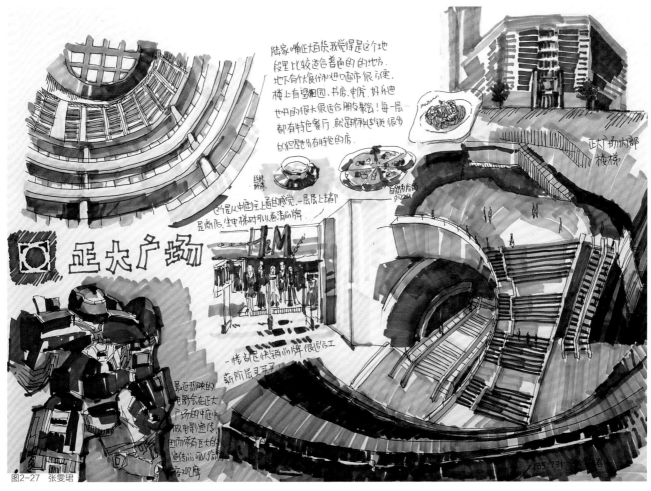

图2-27 张雯珺

09.09.04. AM. ZQQ

图2-28 赵倩倩

2. 室内空间与陈设表现

学习要点

★配景的取舍、立意

城市建筑中的住宅、小区庭院，学校里的教室、图书馆；展览馆、博物馆的室内空间；城市里的商场、老街道、特色餐馆等空间、陈设都是我们表现得好素材。绘画时时间可长可短，线条结构表现、光影明暗表现都行，主要是根据环境情况等去考量，选择适合的表现手段、方法。室内的空间虽然相对较小，但其环境的功能配套和景物却并未减少，反而因为功能的需要呈现有与之相适应的景物搭配；再加上其层

面不高，本身的空间就相对有限，如果处理不当，画面的空间感就会显得比较拥挤；一般室内陈设的写生光线条件也不太稳定。这就要求我们作画时对待室内景物有所取舍，通过透视调整构图、强调线条结构的表达，为了渲染、表达一些效果，也可以结合光影明暗去表现色彩的对比与统一，以求达到较为理想的效果（图2-29、图2-30）。

地处江南，在外地写生期间，往往雨天较多。这时不能老是窝在宿舍里临摹照片，在没有雷电天气、保障安全的情况下，还是需要走出去。到老乡家里、庭院里写生作画，难得一份安静，可以安心学习。古民居建筑的老乡家里，建筑构件、老家具、农具等都是难得的好画材，也很容易"立意"、入画。这需要

图2-29 张雯珺

图2-30 李一丹

我们留意身边的环境，多观察一下室内空间、陈设。室内的空间结构、家具陈设往往能反映出各地的风土人情、经济文化等状况。对景写生也更有意思，画什么，表现什么也往往能反映出我们的意趣、想法（图2-31、图2-32）。

室内的景物较为繁杂；由于马克笔快速表现的性质，决定了在画面中不可能对每一形态都进行深入细致的刻画。因此，我们需要进行概括性的提炼，切不可事无巨细地把什么都表现出来，这也没有必要，应该有选择地重点表现那些主要的景物。在运用马克笔着色时，尤其不能将画面全都填满，墙体界面的对比要相对减弱一些，主要强调室内的物件和配景（图2-33、图2-34）。

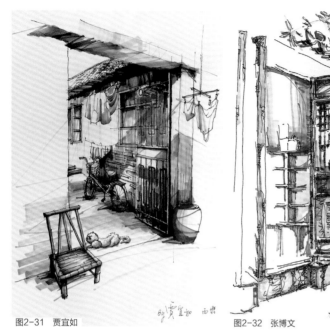

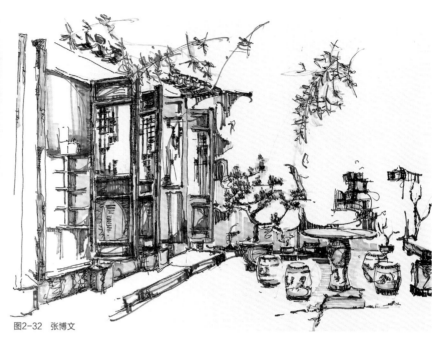

图2-31 贾宜如   图2-32 张博文

图2-33 谭逸儒

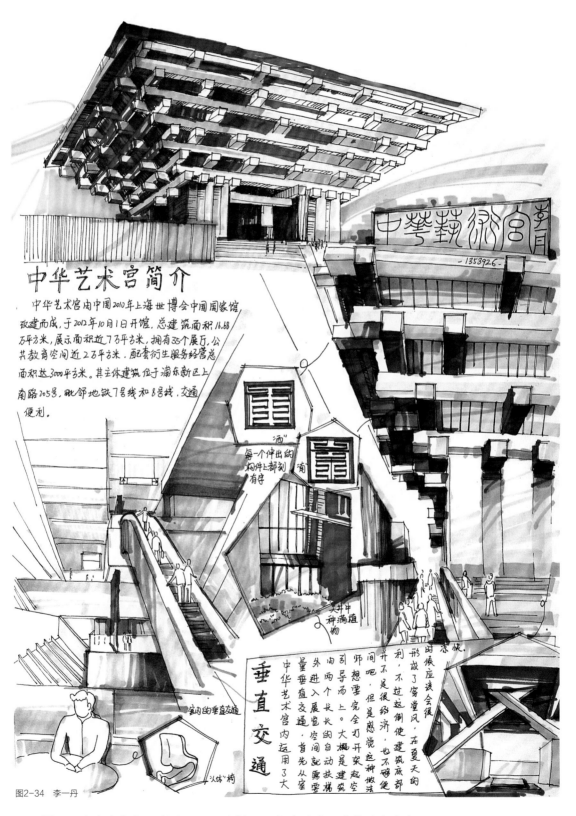

中华艺术宫简介

　　中华艺术宫由中国2010年上海世博会中国国家馆改建而成，于2012年10月1日开馆，总建筑面积16.68万平方米，展示面积近7万平方米，拥有35个展厅，公共教育空间近2万平方米，配套衍生服务经营总面积达3000平方米。其主体建筑位于浦东新区上南路205号，毗邻地铁7号线和8号线，交通便利。

每个伸出的构件上都刻有字

"酒"

天井中种满植物

室内的垂直交通

"人体"椅

垂直交通

中华艺术宫内运用了大量垂直交通。首先从室外进入展馆空间就需要大师想要完全刃开架空的自动扶梯两个长长的师导而上。大概是建筑间吧。但是感觉这种做法并不是很经济，也不够便利，不过这倒使建筑底部形成了穿堂风，在夏天的时候应该会很凉快。

图2-34 李一丹

提示： 减少亮部与投影的描绘，这样画面较为明快、结构层次清晰。

（四）城市建筑景观表现

学习要点

★视角选择、层次、虚实、色彩关系

城市建筑景观主要是指高楼大厦之类的建筑物，也可以涉及校园、街道、广场、公园、小区等，甚至是街道的某一个门厅局部。由于它所涉及的内容具有广泛性，因此，在写生表现上，我们应该根据不同的类型选择最合适的、最有针对性的表现形式。当前，城市交通拥挤，写生时不宜携带较多的工具材料，一般带二三十支常用的马克笔即可。可以选择直接用马克笔快速表现的方法；也可以画好大的色彩关系，回来后再根据照片深入刻画、调整。无论是快速表现，还是深入刻画，在视角选择、层次、虚实、色彩关系上依然要有所要求。在用笔上线条要流畅、笔触要肯定爽快，尽量减少细枝末节的刻画；对于远处的建筑物更要进行概括性的提炼，甚至有时加几块纯度不高的灰色即可。

1. 城市建筑景观的观察与构图

面对城市高楼大厦的拔地而起，车流不息的高架道路，反映市民生活的老街道，我们要画什么，如何表现？如何使画面能充分有力地体现自己的意图，产生艺术感染力？这些都是我们在作画时需要考虑的问题。集体出去写生，面对景物因观察角度、出发点不同，有同学注重建筑物本身的结构，有同学喜欢光影引起的色彩变化，还有同学关注建筑物本身的年代、文化的体现，我们可以多选几个角度，多画几幅构图，以达到我们想要的效果（图2-35、图2-36）。

街道、景观河道，甚至车流、人群等都可作为

图2-35 蔡一凡

我们构图的出发点。一般表现门厅、外立面可选择中心构图（图2-37、图2-38）；高大建筑物选择垂直方向构图（图2-39）；街道、建筑群则选择水平方向构图，把握好其透视变化（图2-40）；也可以斜线构图、边角构图、满构图等（图2-41）。如果遇到造型结构较复杂的建筑物，确定出最佳角度后，可先用铅笔将要表现的建筑物的大体轮廓勾画出来，明确其比例关系与透视关系，再着手写生。构图就是组织画面，就是要取得画面的均衡。构图的重点是要表现主体，在画面上以突出主体为主要目的，协调主体与配景的关系并处理好近景、中景、远景这三个层次（图2-42、图2-43）。

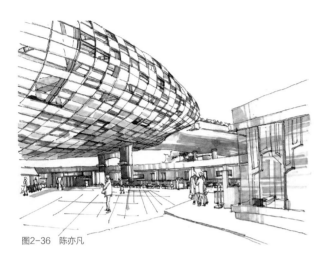

图2-36　陈亦凡

图2-37　孙可

图2-38　蔡一凡

图2-39　刘辉

图2-40 李舒文

图2-41 蔡一凡

图2-42　李舒文

2. 画面的虚实表现

建筑素描要对景物进行艺术处理，概括、减少相邻面及周围面的层次，从而充分体现清晰明确、虚实相生、质朴简练、灵活变化的画面特点。一般来讲，画面太疏，会形成松散、空荡的效果；画面太密，又会给人拥挤和杂乱的感觉。要考虑主体的安排，也要考虑把景物有疏有密地安排在一个画面里。画面里既要有实在物体的安排，也要有计划地安排一些空白或虚景。如果在画面上画满了景物，密不透风，就会使人觉得沉闷，感觉压抑。

另外，应当对景物有所取舍，该简的简，该繁的繁，使画面有密有疏。简不是简而无景，而是把不必要的景物去掉；繁也不是无主次、无层次、无章法，而是要有层次、有变化，步步交代清楚，使人看了繁而不乱，觉得繁得有条理、有章法（图2-44）。

图2-43　苏州留园曲廊小景-孙可

图2-44 张引

3. 画面的色彩关系处理

在马克笔色彩写生中，画面中虚实、色彩关系的处理，往往能体现作者的艺术素养及艺术品位。通常马克笔写生色彩较为简练、概括，不可能也没有必要达到油画、水粉画那样的细腻，但是对基本的色彩对比调和关系、色彩冷暖、情感等还是要有所了解的。

光线的变化会影响色彩的变化，暖光下，物体受光部分就偏暖，投影处就会冷一些；冷光下，物体受光部分就偏冷；物体暗部的反光处会受周围环境的影响而变化。马克笔绘画因受其本身材料性能的影响，在写生表现时更为受物体固有色的影响，强调结构的描画，画面里若补充一些对比色去调和一下，画面色彩不至于显得单调、呆板。当然在色彩的处理中力求避免媚俗，在色彩的色相对比、明度对比、纯度对比、冷暖对比以及色彩的情感倾向上把握好，使其画面具有整体、和谐的美感。使画面色彩明快、稳健沉着，体现出作品的精神力量（图2-45~图2-47）。

以外滩建筑马克笔写生为例，首先观察要表现的景物，以及观察其形体结构，然后思考如何安排主体物所在画面的位置，考虑景物的比例、画面的透视等，以及大体的色彩关系及作画的先后顺序，这些都应该在脑海中有一个明确的概况，做到"胸有成竹"。用针管笔画出景物的基本造型特征，并注意其比例、透视关系。线稿完成后，可以先用较浅灰色的马克笔概括性地画出主要景物及配景之间的大体色调关系。用较深的马克笔将主要景物的结构和暗部刻画出来，然后用不同纯度的马克笔，根据画面的需要，深入表现细部及景物的重要特征，并安排背景，营造气氛。在刻画中，要时刻注意景物的远近关系及画面的空间感；千万不要把画面画得太满。同时，还要注意笔触的整体性，不能太琐碎。最后调整局部与整体的关系，依据需要进行强调、点缀诸如天空、人物、植物的色彩变化（图2-48）。

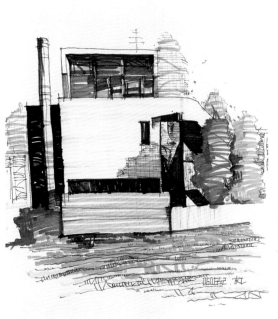

图2-45　丁友

图2-46　丁友

图2-47　丁友

图2-48　刘辉

提示：马克笔着色本着由浅入深、由灰渐纯，沿着建筑物的受光部与背光部的界面或建筑物的结构去着色。

（五）城市建筑景观视觉笔记赏析

（图2-49、图
2-50）点评：两
幅图暖赭色的木
结构、冷灰色的
屋顶为主调，绿
色、红色植物点
缀，前景车辆、
灌木的虚化处
理，使主体物明
确、简练。

图2-49　刘子健

图2-50　刘子健

视觉笔记

现图书馆（美馆）于1990年建成，面积为22225平方米。馆中藏有图书317万多册，中文现期刊2495种，外文现期刊870种，期刊合订本17万册，电子图书100万多册。1993年被上海市教委评为A级图书馆。

图书馆由总馆，沪东分馆，沪西分馆，沪北读者服务部，嘉定区图书馆组成

图2-51 王昱力 1450380 王昱力

视觉笔记

"三好坞中千尺棚，几人知是薛公栽？"

三好坞是上世纪五十年代同济大学党委书记兼校长薛尚实先生设计并号召校工师们一同修建的。

此处小山错落，曲水萦洄，树荫遮蔽，实为同济一景！

图2-52 王昱力

（图2-51、图2-52）点评：这两幅为金属光泽卡纸所画，笔触不是很明显，马克笔画上去有亚光效果。形体结构造型谨严，分类着色、平铺直叙，有着水彩渲染的效果。

（图2-53、图
2-54）点评：马
克笔笔触表现依
据建筑造型而
变化，或横或纵
或斜线，冷暖、
色阶对比明确、
清晰。

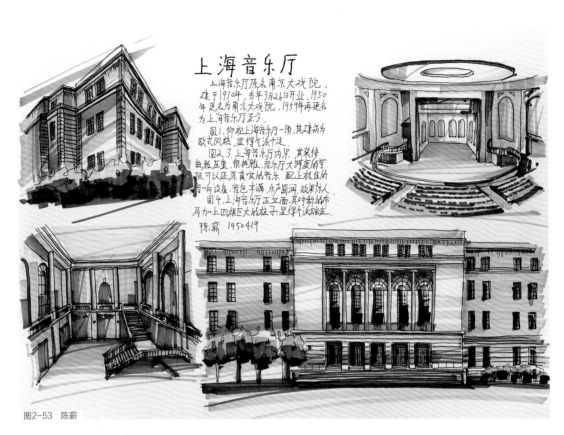

图2-53 陈薪

图2-54 陈薪

图2-55 张堞

点评：宏伟、庞大的建筑物，空间转换繁杂多样，构图、观察点需要把握最主要、最能说明问题的建筑元素，此幅画以红色斗拱结构造型为主体，结合富于纵深感的展览空间、丰富错叠的垂直交通空间有机穿插，以黑白灰、冷暖对比为主调，造型、笔法严谨而又富于节奏。

点评：

用暖灰及淡赭色表现阳光，与冷灰为主调的色彩形成对比，加以少量绿色植物、红色灯箱牌的点缀，使得狭小、阴湿的弄堂有了些生机。笔触以平铺为主，稍加斜直线表现，也比较爽快。

视觉笔记
新天地
秦楷洲 1450392 6/12

上海新天地位于上海市黄浦区太仓路，占地面积约3000平方米，是一个展现上海历史文化风貌的都市旅游景点，分为南里和北里两个部分，南里以现代建筑为主，北里以石库门旧建筑为主。

上海新天地以上海近代建筑的标志石库门建筑旧区为基础，首次改变了石库门原有的居住功能，把这片反映了上海历史和文化的老旧房子改造成餐饮、购物、演艺等功能的时尚、休闲文化娱乐中心，形成了一首上海昨天，今天，明天的交响乐，历史与现代得到了有机的组合与充错落有致的巧妙安排，让海内外游客品味独特的文化。

图2-56　秦楷洲

田子坊展现给人们的更多的是上海亲切、温婉和曙素的一面。只要你在这条如今上海滩最有味道的弄堂里走一走，就不难体会田子坊与众不同的个性了。走在田子坊迂回穿行在迷宫殿的弄堂里，一家家特色小店和艺术作坊就这样在不经意间闯入你的视线。

从茶馆、露天餐厅、露天咖啡座画廊、家居摆设到手工艺品，以及众多沪上知名的创意工作室，可谓应有尽有。

在闲散的下午，就着弄堂里的习习凉风，明媚的阳光透过玻璃窗，空中飘来一抹慵懒的咖啡香味，大有"偷得浮生半日闲"的意境。

景观二班

图2-57 曹竞文

田子坊行记
A TRIP TO THE TIANZIFANG
景观二班
1440674 曹竞文

"田子坊"其名其实是画家黄永玉几年前给这旧弄堂起的雅号。据史载，"田子方"是中国古代的画家。取其谐音，用意虽不言而喻，使得有经的街道小厂，弄子废弃的仓库，后库门再的平常人家，抹上了"苏荷"（SOHO）的色彩，多了艺术气息富亲。

早起，盛装待发，开门，去到田子坊，找寻老上海石库门的记忆

图2-58 曹竞文

坐上地铁十号线路上并不无趣，美景更人赏心悦目，梧桐葱茏的林荫小路，一景伸长铁艺栅栏的月季，装点着旅途

点评：

点评：
"田子坊"显然已成为文艺青年的朝拜圣地，这里的店标、临街摆设、小巷子都装饰得极为别致。构图、观察点都还不错，把自己融入画中，很有意境。只是马克笔笔触过于琐碎、凝滞，色彩的处理上黑白灰层次不够，有些单调。

点评：

马克笔笔法熟练，暖灰做统一背景掺入几笔灰绿、灰赭，装饰邮箱色彩斑斓又不失协调，也很有趣。冷灰与明黄色的对比，加上黑色枯笔强化的形体结构，使得石库门的表现厚重、明亮。

图2-59　刘子健

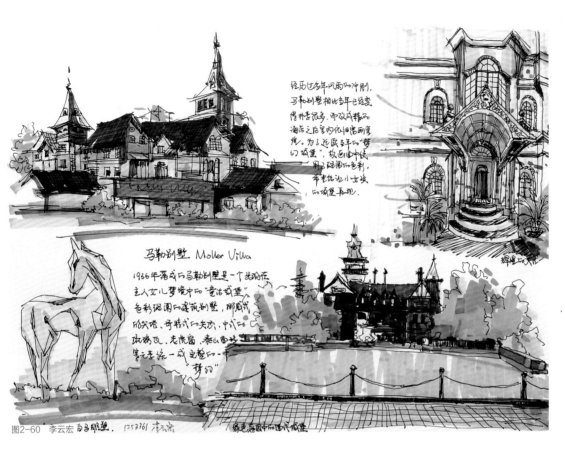

经历过多年风雨的冲刷，马勒别墅相比当年已经变得朴素很多。而改成精品酒店之后室内仍旧富丽堂皇。为了还原当年的"梦幻城堡"，故画面中使用了深重的色彩，重笔衬托小女孩的城堡再现。

马勒别墅 Moller Villa

1936年落成的马勒别墅是一个出现在主人女儿梦境中的"童话城堡"色彩绚丽的建筑别墅，哥特式尖塔，哥特式大门，中式的琉璃瓦，走兽窗、泰山面砖等元素统一成一座整的"梦幻"。

图2-60　李云宏 白马雕塑.　1253361 李云宏　　　　绿色庭园中的西式城堡

点评：走近老建筑，知悉那动人的故事，一种情愫、一段历史记忆就在画里了。高层建筑要么远眺，要么截取一个片段，画法上多注意笔法，爽快、利落一些。

视觉笔记

1450380
王昱力

■ 外滩（The Bund）

位于上海市中心黄浦区的黄浦江畔，1844年起这一带被划为英国租界，成为上海十里洋场的真实写照，也是旧上海租界区以及整个上海近代城市开始的起点。

外滩南起延安东路，北至外白渡桥，在这段长1.5公里的外滩西侧，矗立着幻座风格迥异的古典复兴大楼，素有外滩万国建筑博览群之称。

图2-61　王昱力

点评：建筑群在写生中最难把握，不仅仅注意黑白灰整体关系，色彩的冷暖变化更不易把握，这组视觉笔记的表现还算不错，天空施以简练的笔触，冷暖虽着笔不多，渐变层次清晰明白，整体色调和谐。

点评：

取景、构图能够较好体现田子坊的特色，色彩、笔触运用也很得当，调子为浅灰调，绿植的精心布置恰好有着小资、时尚、文艺的氛围。马克笔由于色彩的局限，着色较为程式化，随类赋彩即可，不宜太过花哨。

田子坊位于上海泰康路210弄。1998年一家文化产业公司入驻泰康路，揭开了泰康路上海艺术街的序幕。不久又有一批艺术家和工艺品商店入驻泰康路，使原来默默无闻的小街渐渐吹起了艺术之风。

田子坊是里弄民居味道，弄堂里除了创意店铺和画廊、摄影展，最多的就是各种各样的咖啡馆。在闲散的下午，就着弄堂里的习习凉风，空中满是咖啡香味，大有"偷得浮生半日闲"的意境。

图2-62 吴钰宾

1410450 吴钰宾

第三章

古民居建筑写生与

视觉笔记表现赏析

学习要点

★ 了解古民居建筑各类构件

★ 掌握马克笔的表现技巧

建筑视觉笔记是艺术造型课程教学的延伸与拓展,是将写生学习与其相关专业相结合的手段与方法。在以往的学习中,同学们通常总以技法为中心,美术基础较好的同学还好,在短短的时间里不至于觉得疲乏、枯燥。但美术基础不是一朝一夕就能练好的,那些基础偏弱的同学无论如何练习,都总觉得赶不上,时间久了就会产生放弃的想法。这个时候,如果让他们将美术与其专业结合起来学习,那他们的兴趣一下子就提上来了。许多同学对于整体建筑物的表现不那么自信,但是对于一些局部的建筑构件、建筑局部、当地风物人文还是能够去认真琢磨的,这主要是因为这些与他们的专业学习有契合点,学习有了兴趣就会有动力。

我觉得,在近几年视觉笔记的教学尝试中,同学们的收获还是蛮多的。同学们每到一个景点或写生地,就会自觉去了解古村落的历史、文化,乃至诸如大至建筑布局,小至各种梁柱、门窗、木雕等构件之类的建筑物的特点,以及家具、农具、居民的生活等风物人情,从而很快就会融入学习的氛围中。有同学说这很像是在做快题设计。是啊,为做视觉笔记,他们要查资料,与当地人咨询、交流,与其他同学相互讨论、点评,这不正是我们所希望的吗?许多同学觉得,在这短短学习过程中的所得,甚至比在学校一年学到的都多。虽然他们还没能达到"外师造化,中得心源"的境界,但无论在构图、写形,还是用色方面,大家都有很大的进步。每遇到一处景物,都能纯熟地以自己独有的表现方式去表达它的美,去诠释自然的魅力。通过视觉笔记的教学,同学们不但学习了绘画技法,还提高了艺术素养,学会了如何去对平凡的事物、自然景观进行思考,并进行美的提炼,不再漫无目的地去画画。

(一)门窗、门锁

实习期间,同学们最为喜欢钻研局部画法,比如门窗、门锁。它们较为小巧别致,种类也多,同学们常将它们拍照下来躲在阴凉处慢慢画,也有同学喜欢直接写生,感受氛围,捕获不经意间闪现的灵感。马克笔画这类题材,色彩不宜多,常用灰色表现,注意黑白灰层次、冷暖调子的把握即可,也可以加彩铅丰富细节处理。

图3-1 李沙沙

2010.8.28.

（图3-1、图3-2）点评：古民居建筑门窗的形体较为繁杂，构件精巧，整体写生难度较高，我们往往从局部入手研究写生。这两幅是以深棕灰调子表现，形体结构严谨、色彩沉着，作品有力度。

图3-2 蒋若薇

点评：
月枋整体色
调把握较
好，笔触技
法运用得
当，纹饰的
精美还可以
表达得再充
分些。

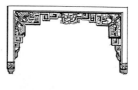

图3-3　戴树菁

点评：
用两三只暖
灰色，几笔
淡赭色表
现，画面明
快、简练，
右、下侧边
的加深强调
增强了木雕
的感觉。

隔扇门上的画

图3-4　张中菁

徽派民居与吉祥图案

徽派建筑是中国建筑最重要的流派之一，是人文景观与自然景观高度和谐统一的典范，有着集古雅、简洁于一体的独特艺术风格。徽派民居的装饰设计更是独具一格，处处充满着吉祥富寿的寓意，扬溢着古老的民风气息和厚重的文化底蕴。

此为"万字砖"，是徽州建筑的砖墙石雕。此砖采用浅浮雕的雕刻方式，用于比较正规的线条，既美观又规则，给人一种无限的想象空间。"万"为"吉祥万德之所集"。有句话叫"万字不到头"，因此徽州居民以此为砖墙，寓意吉祥万福，世代富贵，万事如意，财富延绵不绝。因又有延年益寿之意，故而又可称"寿字砖"。其中充分体现了徽州古老的文化气息。

此为徽州民居砖雕艺术。它们都以深浮雕的手法进行雕刻而成，并且其色彩鲜艳丰富，图案丰富多彩且栩栩如生。其中有"喜鹊登梅图"，喜鹊是报喜，"梅"取其谐音"眉"，喜鹊落在梅枝上，寓意喜上眉梢好运之意。还有"松鹤延年图"，意入如松鹤般高洁，寓有延年益寿康健之意。而"云鹿图"中，"鹿"与"禄"谐音，云为祥云，因此有财运、官运横通之意，寓为招财进宝，财源滚滚来的吉祥之意。

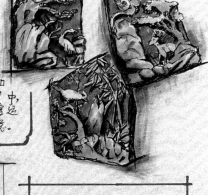

生不老的寓意。灵芝作为仙草典雅高贵的与气质韵味流畅，形状优美，有着组成。灵芝云的图案线条如是吉祥的象征。因此被称为"瑞芝"或"庆云"，有一轮轮的云环状环绕，很相似。灵芝呈扁状，与如意也灵芝本身表面此为灵芝云的砖雕图案。

吉祥，更有好运福气之意。还雕有梅花，梅花也寓意飞黄腾达之意，或者逆流之说，因此还可意为升官之意。因为有"鲤鱼跃龙门"余，也可意为年年有与"余"谐音，寓意"吉图为鲤鱼图案的石雕::鱼"

安徽屏山 视觉笔记 应虹 二〇〇九年六月二十九日

图3-5 应虹

点评：

文字描述详尽，图案画得较小但很精细，算得上是好作业。准确的造型、鲜艳的色彩表现，将雕刻表现得栩栩如生。画面充满着吉祥富寿的寓意，洋溢着古老的民风气息和厚重的文化底蕴。

点评：
窗在居住环境及建筑艺术中占重要的地位。这幅作业构图安排比较讲究，刻画工整、描述翔实，较好地体现了水乡民居的窗简洁、明亮、清新。

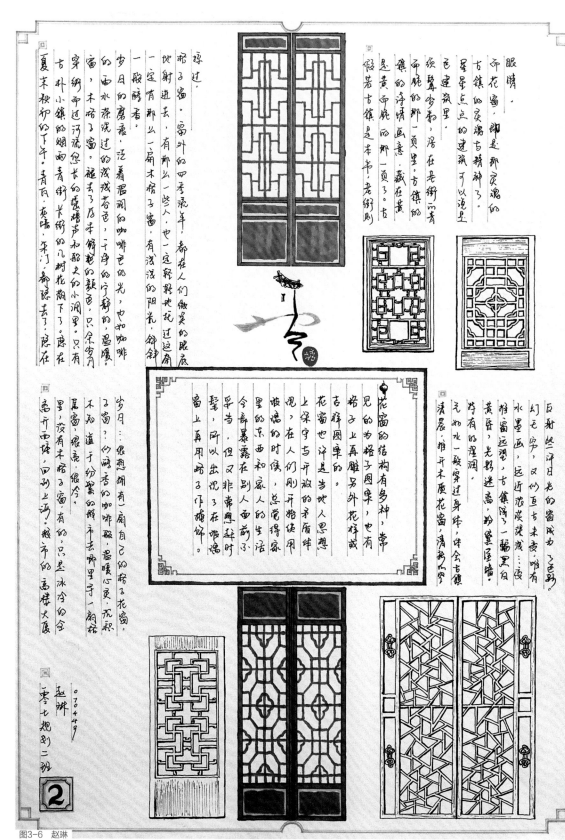

图3-6 赵琳

汪式宗祠

2016. 8. 30. 晴.

汪式宗祠历时四年完成，是宗族祭礼聚会的地方。"子子孙孙歌于斯，哭于斯，聚族于斯"。堂取名为享叙。今天是写生的第一天，参观了一些宏村当地的历史建筑，建筑中多出现有华丽雕琢的门楼、窗扇以及室内的各种铜片，颇有一番徽派民居的特别风格。

同济大学 城规三班 唐婧.

图3-7 唐婧

如今保留着大量的徽派古建筑,也使我们可以看到大量的各式门环.圆的,方的,六边的,镂空的。门环的造型多样,既有简单造型,也有奇兽的形状.

视觉笔记——门环

门环的作用除了供敲门,还是一种吉祥物,反映了当时民众祈求康乐,太平,富贵的观念。
圆形门环——"圆圆满满"之意。
兽面门环——"驱鬼逐疫"之意,起到"门户"镇宅避邪的作用。

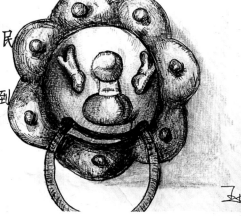

图3-8　王婷

点评：彩铅更善于对肌理的细腻表现，携带也算方便，是马克笔绘画的极好补充。造型基础较弱的同学可以借用手机拍照来仔细观察画面效果。注意马克笔笔法应爽快、利落。

（二）梁柱斗拱及石雕、砖雕、木雕

在徽州民居，马头墙、斗拱、各式各样的砖雕、木雕、石雕等无处不在，村庄里的祠堂更是中国古建筑史里活的教科书。这些古建筑构件，设计缜密、精巧，人们不仅惊叹于它们的美观，更以之为学习对象，从中汲取知识，并运用于当代建筑、家居室内设计、绘画、雕塑艺术等等设计中。斗拱、梁柱结构复杂，需要表现好透视，强调空间感；色彩上以暖灰色系为主，地面、墙面可用冷灰色表现。

图3-9　刘辉

点评：马克笔暖灰色WG-1、3、5、7分层次表现梁柱的体积，若使结构清晰需注意留白，最后补上几笔淡赭色以显示光色即可。

点评：
造型结构的
表现还不
错。马克笔
的处理上简
单了些，主
要是没能掌
握黑白灰的
层次变化，
需要再画得
细腻一些，
要与线稿相
适应。

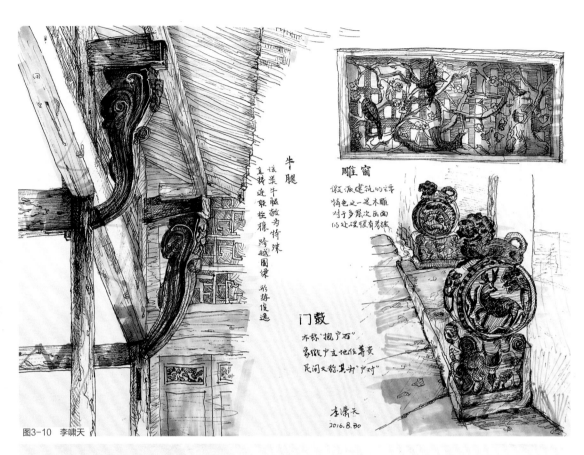

牛腿
该类牛腿较为特殊
直接运联柱檩 跨越围课
形势俊逸

雕窗
徽派建筑的一是木雕
特色之一
对于多层次画面
的处理很有考题

门数
亦称"抱户石"
象徽中主地位等爱
民间又称其为"户对"

李啸天
2016.8.30

图3-10 李啸天

点评：
运用透视合
理选择构图，
对于空间的
把握至关重
要。无论是
简明扼要的
灰色表现，
还是色彩丰
富的细腻表
达，都不能
忽略虚与实、
黑与白的对
比转换。

图3-11 应虹

图3-12　姚放

图3-13　胡琪旻

点评： 马克笔笔触有些乱，不够整齐。可取之处是构图灵活，瓦当、滴水的局部描绘认真，这些是同学们可以去参考的。

点评： 坐在临河的廊棚下，品味江南水镇特有的风韵。几幅画拼接成中国画的条幅样式，写得详细，画得耐看。

点评：马头墙墙头都高出于屋顶，轮廓作阶梯状，脊檐长短随着房屋的进深而变化。这是一幅运用彩铅描绘的视觉笔记，色彩细腻丰富，笔法谨严，结构造型准确、生动。

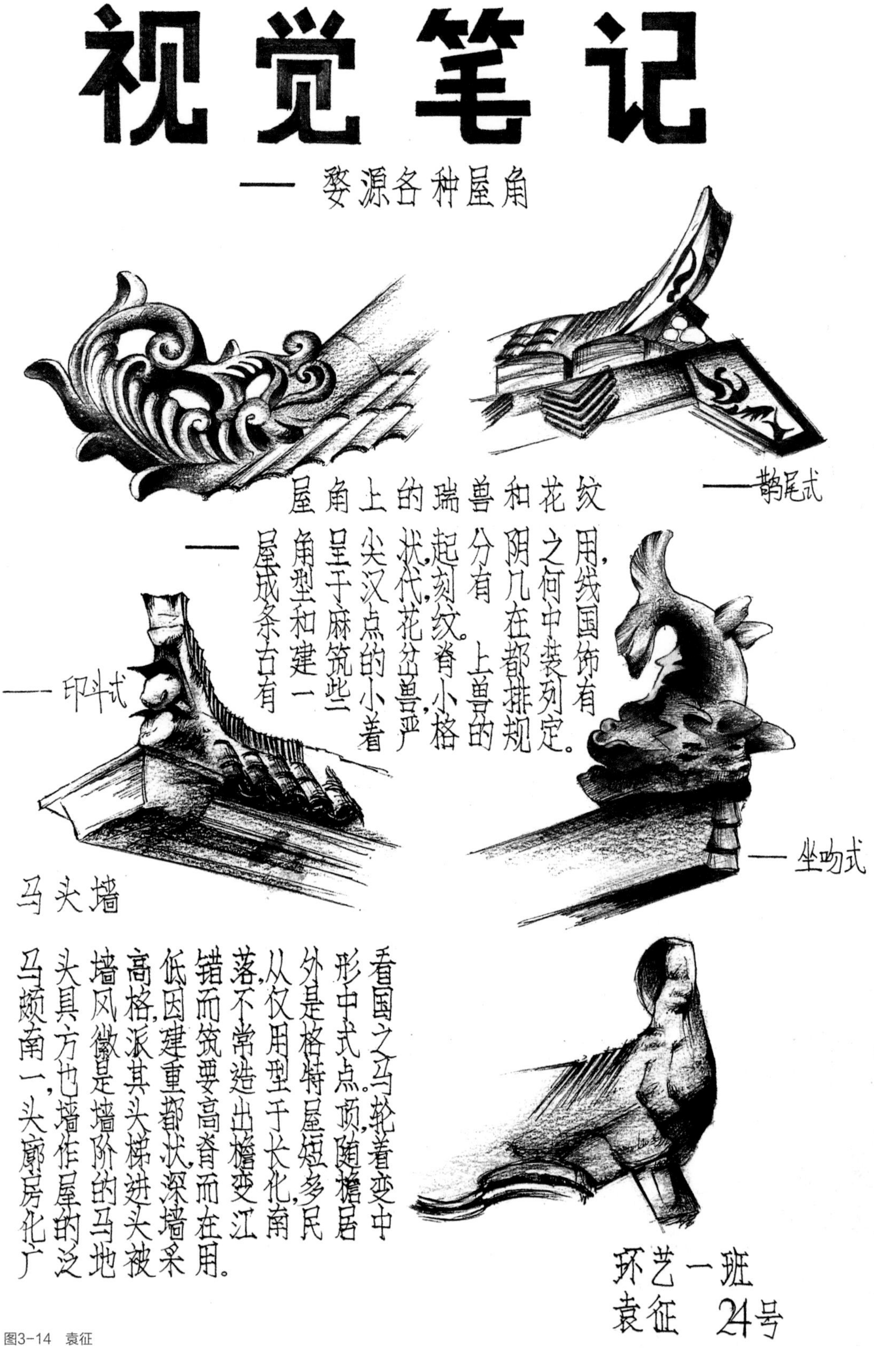

视觉笔记

—— 婺源各种屋角

—— 鹊尾式

屋角上的瑞兽和花纹

用，况国饰有之何中装列有阴几在都排规分有。上兽的

状代花分兽严呈于麻筑些

角型和建一

屋成条古有

—— 印斗式

—— 坐吻式

马头墙

看国之马轮着变中形中式点顶随檐居外是格特屋短多民从仅用型于长化南落不常造出檐变江错而筑要高脊而在用低因建重都状深墙采高格派其头梯进头被墙风徽是墙阶的马地头具方也墙作屋的泛马颜南一头廊房化广

环艺一班
袁征 24号

图3-14 袁征

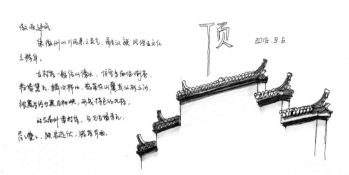

图3-15 王嘉欣

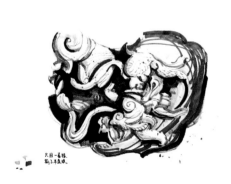

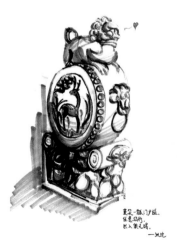

图3-16 赵一夫

点评：站在高处观察取景是一个不错的选择，视野开阔，能够画幅全貌更好，不必局限于焦点透视，可以运用散点透视一张张接着画。

点评：对斗拱、石鼓、石雕的描绘还不错，笔法简练、果断，着色协调。不足之处是画面题材、布局不讲究，构图较散，练练手还好。

（图3-17、图3-18）点评：徽州民居的雕刻吸引着同学们，它们有着数不清的式样、画不完的图样。实习更偏重于认知，汲取营养，在画画之余，需要更多地去搜集资料，为日后的专业学习提供借鉴，打下牢固基础。

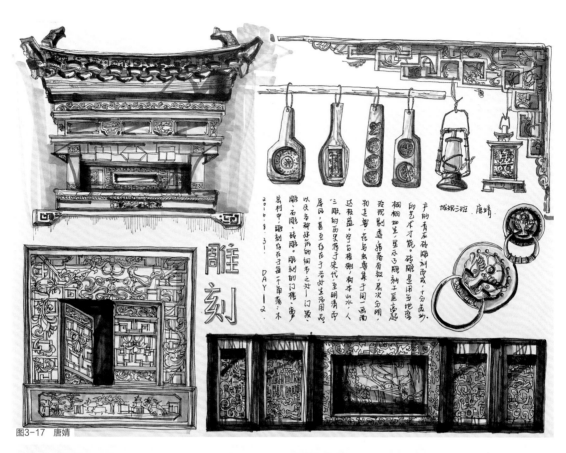

图3-17 唐婧

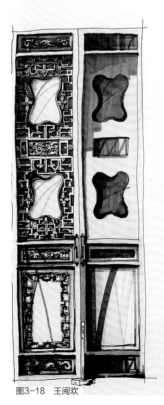

图3-18 王闽欢

（三）农具、古家具

　　来到古徽州，我们常常在街头巷尾、民居院落、厅堂看到各式各样的家具、农具，如五花八门的板车、三轮车、独轮车、马车，千奇百怪的取暖炉、精美的脸盆架，以及许许多多生活用品，诸如月饼、糕点模子，用来做米粉、豆腐的用具等，数不尽道不完。不同于"白墙黑瓦""马头墙"这些令人记忆深刻的符号，这些简单的农具虽然不起眼，但却也是最真实的中国村庄符号。这也见证了当年古徽州的富庶，以及商业、手工艺的发达。

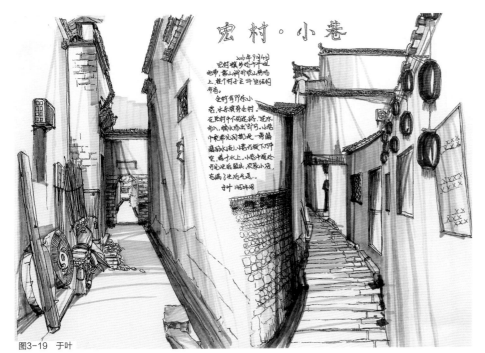

图3-19 于叶

点评：笔触多以灰色长线条排列，或横或竖，局部色彩点缀。手法概括，表现力还好，但线稿有些拘谨。

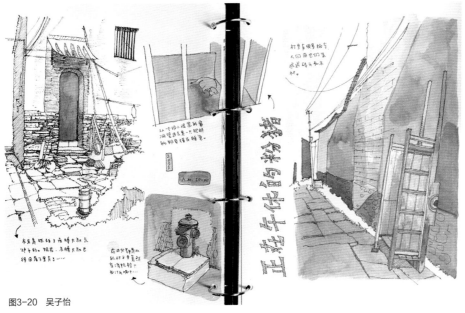

图3-20 吴子怡

点评：深入生活、细致观察，是实习必须具备的。消防栓、板车架、一只在睡觉的肥胖粉色小猪等，不相干的物件经过作者巧妙地整合、布局，画面变得虚实得当，空间分布合理。此幅为钢笔淡彩，画技较为纯熟。

点评：掌握了马克笔的笔触排列、叠加技巧之后，如果再加上冷暖色调的变化，画面就会感觉轻松、爽快许多。机械器具的表现还要把形体比例、结构理清楚。

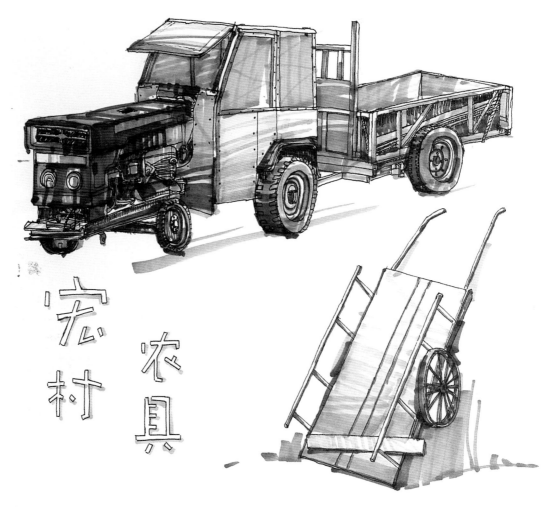

宏村农具

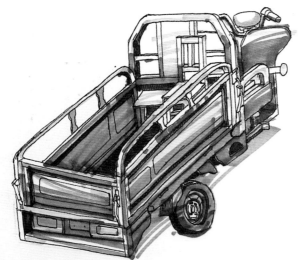

宏村在记录着皖南古代村落的记忆与徽派建筑发展历程的同时，也反映了中国村庄最真实的生活方式。不同于城市中的快节奏与富丽堂皇，村落中的人们过着朴实、简单的生活。所能见到的交通工具与农具都是简单而实用的。家家户户都过着平等而自由的生活。
不同于"白墙黑瓦""马头墙""月沼"这些令人记忆深刻的符号，这些简单的农具虽然不起眼，却也是最真实的中国村庄符号。

陈立宇 1450430

图3-21 陈立宇

宏村一物件

户对与门当

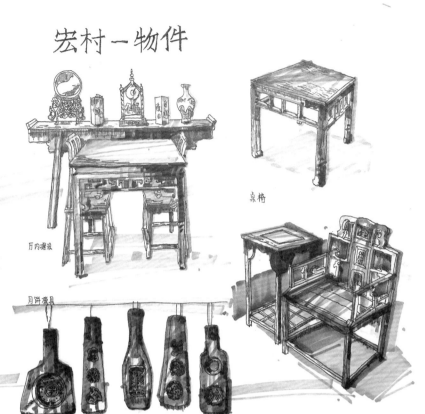

桌椅

厅内摆设

月饼模具

户对:中国传统建筑构件之一。与门当相对,为门楣上突出之柱形木雕(砖雕),上面大多刻有以瑞兽珍禽为主题的图案(通约一尺左右),因一般成双散出现,故名"户对"。

门当是汉族传统建筑门口的相对而放置呈扁形的一对石墩或石鼓(因为敲鼓鸣冤威严,历如雷霆,人们以为其能避鬼推崇)。包括抱鼓石和一般门枕石,在古代,不同等级的豪室门当的等级也十分严平。

厅内摆设考究,有镜、钟、瓶、意为"终生平静";男主人坐在瓶子下面。外出平平安安,女主人坐在瓶子下面,心平气和。男主人在不在家,则将帽子放在瓶子上示意;男主人在,反之,男主人不在家不影局是否外居。

145046 姚瑶

妆

这是古代女子的梳妆台,上面有一面破碎的镜子,桌上有洞可放入洗脸盆。

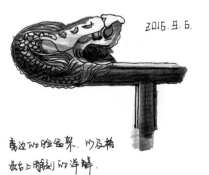

2016.9.6.

高迪似的脸盆架,以及梳妆台上雕刻的浮雕。

图3-22 姚瑶、王嘉欣

▲秘图居·后门小巷·月饼模子
俗称"月饼印"，旧时，家家户户都在中秋自制月饼，各式各样。

▼宏村小巷·茶叶桶
黄山毛峰，中国十大名茶之一，属于绿茶，外形微卷，状似雀舌，绿中泛黄，银毫显露，故味甘醇，韵味悠长。
于叶 14504-28

▲树人堂·门后使用筛子
筛子，农村日常农具，多用于筛选颗粒，或时青梳食。

▼南湖书院·志道堂·供桌

南湖书院，又称依湖大院，后合并，并称"以文家塾"，时如今日南湖书院。

▲树人堂·墨底瓦罐

图3-23 于叶

（图3-22、图3-23）点评：这几幅古家具的描绘翔实生动，包括梳妆台、月饼模子、筛子等。造型描绘明确，色彩以暖灰色调为主，但在构图排列上稍显局促，不够自然。

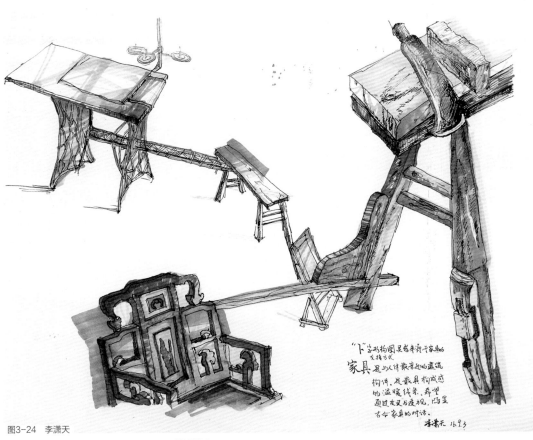

图3-24 李潇天

（图3-24、图3-25）点评：家具是与人体最亲近的建筑构件，是最具构成感的温暖线条。这两幅构图、笔记都有些意思，或专业或调侃，有想法就好。造型特点与画法也吻合，风雨剥蚀露出木筋的条凳及稳重大方的实木椅子画得都不错。

野鸭滩头宿，朝朝被鹊梢。
忽恢飞入水，留命到今朝。

图3-25 赵一夫

点评：

无论是徽州
的古家具，
还是水乡小
镇的竹椅子，
同学们通过
文字的搜索、
叙述，知悉
了桌椅板凳
的来龙去脉、
历史典章，
阐发人文情
怀。画美图、
记文字、抒
胸臆。

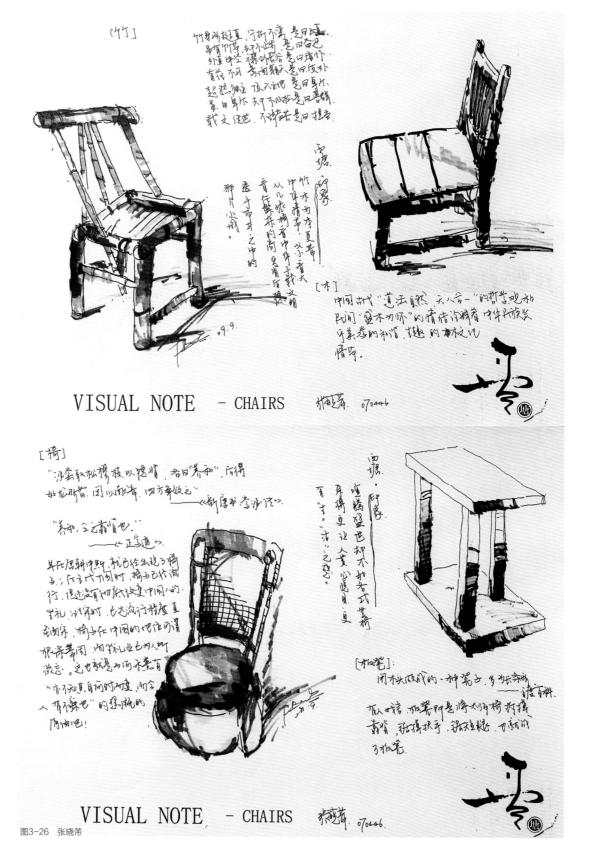

图3-26　张晓苇

（四）弄堂、石板路、小石桥

　　幽深、长长的巷弄，暗绿色的青苔，斑驳灰白的墙面显示出年代的沧桑，青色的石板路在暴雨后愈发显得黝黑且锃亮，透出神秘。穿街走巷的溪水布局很是奇妙，阵雨过后，弄堂干干净净。游客们打破了村庄的沉寂，导游清脆地背诵着一个个动人的传说、典故。小石桥下也传来捣衣声、汲水声。同学们折起雨伞，依然安静地画着画，描绘一块块历经沧桑的砖墙、一条条有着历史印痕的青石板……

图3-27　王嘉欣

图3-28　谭逸儒

（图3-27、图3-28）

点评：以街巷为导向，以门洞来构图取景是常用画法。暖灰色的墙面与冷灰色的石板路以及着重强调的阴影，构成画面总基调，两三只绿色系的笔触用来描绘藤蔓，红灯笼、店面招牌点缀其间。这些程式化的手段往往是美术零基础同学的必选项。

（图3-29、
图3-30）**点评：**
画弄堂小巷多
选择一点透
视构图，窄
窄的石板路往
前方，或左或
右，或低或
高，与屋檐、
墙根汇集于一
点。这两幅以
长线条来表现
高墙、长巷，
笔法洗练爽
快，无拖泥带
水之感，彰显
马克笔的特有
魅力。

图3-29　姚瑶

图3-30　张中菁

视觉笔记

江西婺源

江西婺源是古徽州一府六县之一，代表文化是徽文化，素有"多书乡""茶乡"之称，是全国著名的文化与生态旅游县，也是当今中国古建筑保存最多、最完好的地区之一。

江西婺源的传统民居以徽派建筑为主。徽派建筑是中国传统建筑最重要的流派之一，是徽文化的重要组成部分。徽派建筑注重室内采光，以堂屋为中心，以雕梁画栋和装饰屋顶、檐口见长，徽派建筑讲究规格礼数，官商亦有别。

图3-31 秦楷洲

点评：
马克笔笔法
简洁明快，
画面富有节
奏，光色的
处理也比较
合理，在冷灰
色为主调的
画面里显得
温暖、透亮。

图3-32 李沙沙

点评：结构造型谨严，透视准确，空间感强。暖灰色调为主，亮部几笔明黄色与加深的屋檐形成强烈对比，显得画面很有力量。水面的淡蓝色、灯笼红色的减弱，以及远处的淡化、留白，都增强了景物的距离感。

图3-33　贾宜如

点评：
景观错落有
序，利用石
条栏杆与石
桥的转折变
化来取景构
图，平稳之
中见节奏。
色彩上用棕
赭色来画木
质门窗与冷
灰色石桥形
成对比，绿
植、几笔红
色点画，画
面顿时有了
生机。

图3-34　沈思韵

点评：笔法细腻，长、短笔触运用合理，黑白灰层次衔接转换自然，画面清新灵动。似乎昨晚的喧闹已很久远，清晨的石板街安安静静。

图3-35 蒋若薇

图3-36 王闽欢

图3-37 蒋若薇

　　（图3-36、图3-37）**点评**：古村落与古镇多见弄堂小巷、石板路、小石桥，这在构图取景之中经常会使用。如能好好观察、经营位置，把握画面的空间透视、虚实节奏，合理运用有色纸的冷暖变化就会使绘画变得容易入手一些。

（五）农家小院与农村生活

随着旅游业、商业的发展，如今的许多农家小院已不再是堆满零乱生活用具的场所，变得时髦起来。农村的生活也不再是面朝黄土背朝天，朝九晚五的日子，开旅店饭馆、农家乐、经营着特色小店，每天面对各地来的客人，待人接物有着生意人的精明，也说不上好坏，就是生活着、满足着、变化着，我们还是看画说话吧。

图3-38 王昱婷

点评：少人居住的院子有些杂乱，画得很美，色彩的冷暖、笔触笔法到位，黑白灰层次明确，透视、造型准确，马克笔绘画的特点得到很好的表现。

点评:
钢笔线稿
强调物体
肌理质感
的 表 现,
色 彩 表 现
较为概括,
具 有 木 刻
版画效果。

图3-39 李润东

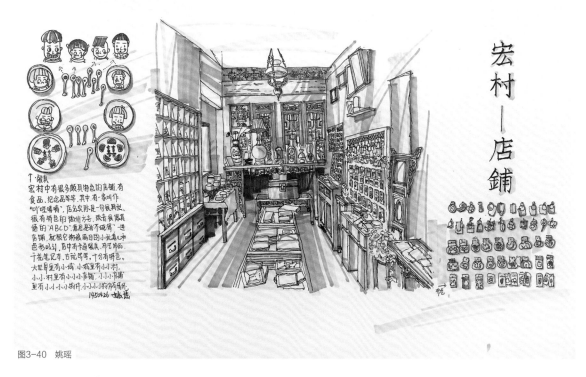

图3-40 姚瑶

点评: 很有意思的小店,画面安排呈方块分布,也并不觉得呆板。多画、多记、多感悟!

寻乡笔记

居八建筑四班

蒋若薇

于西塘

图3-41　蒋若薇

西塘·最印象

夜宵Bar

风吟

图3-42　蒋若薇

（图3-41、图3-42）**点评**：以小店的摆件脸谱等图形作为笔记的视觉元素，面对景、物、人的感受与描述得也很美，仔细品读一下吧。

（图3-43、
图3-44）点评：
能够深入生
活，有体会、
有感悟，才有
画意。暖灰
色调为基础，
色彩标注物
象，画面温
暖有生活味。

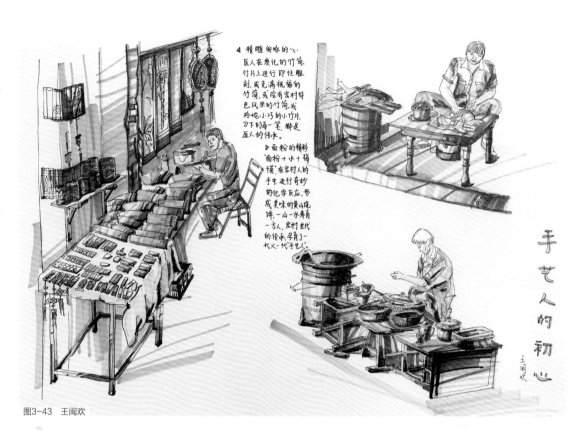

图3-43 王闽欢

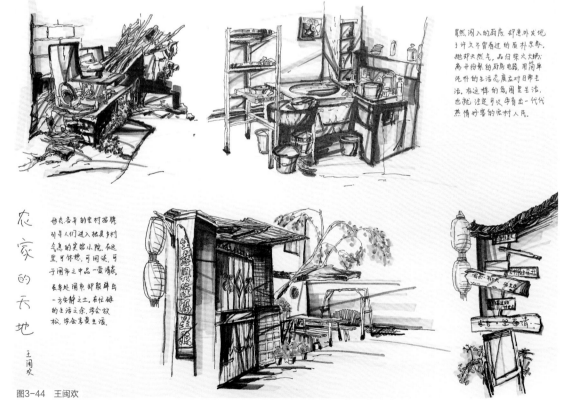

图3-44 王闽欢

塘·夜未央

放灯

桥连影，烟光醉浪生。
欲将水色比长空，
已见飞鸟自引朋。
秋意不觉浓。
直中行，迤迤梦未竟。
吴越流年一水横，
最是娇媚西塘灯。
夜色两三层！

漫步西塘，我沉浸在一个"灯"的海洋，水中有灯，廊下有灯，桥上有灯。甚至不经意间，你会碰到手提花灯的游客。

今夜的西塘显得尤为美色美泉，原来到了七月初七，即牛郎织相会的七夕情人节。传统的西塘人怕牛郎看不清夜晚的路桥，便在人间河流放灯，让牛郎能快步与织女相会。

我们一行n人也买了n盏莲花灯，索性彻底融入西塘的浪漫氛围中。乌篷船摇曳着，泛起阵阵涟漪，我们对着河灯许下一个个美好的心愿，轻轻拍打水波，而那灯便不急不慢地在水中远去了……

品酒

如今的西塘已被涂染上了越来越浓的商业气息，酒吧的数量也越来越多。我们抱着好奇的心态，壮着胆进了一家酒吧。嚣张的音乐，迷幻的彩灯，放肆的笑声，一切的一切都让我们觉得自己是不速之客，显得格格不入。

于是，我们挑选了另一家类似咖啡厅的酒吧。一进门，我们便心满意足地坐下了。这里大气而不失细腻，暧昧又不迷醉，祥和温馨而温暖。坐在装修得精致而极富特色的环境里，几个好友侃侃而谈，畅聊学生时代的苦果与收获，漫谈生活的趣事与未来，幻想着美好的青春与无尽的希望……不知不觉，夜渐深，我们离去。回头一望，那酒吧还闪烁于朦胧夜色之中。

图3-45　江可馨

07规划二班　江可馨

（图3-45、图3-46）点评：一首望江南点画了西塘美景，这里有着青春的浪漫、美好的憧憬，生活的希冀。闲逛、泛舟、品茶、聊天、画画，何等的惬意！忽然觉得画技不再那么重要，不是吗？画者也融入了美景之中。

图3-46 江可馨

图3-47 许琳昕

（图3-47、图3-48）点评：西塘美食应有尽有，学生们最是爱吃爱画，笔随形转，五颜六色地随类赋彩好了。人物、小物件画得都不错的，笔触清晰、简练、整齐，玻璃的透明质感表现得也很好。

图3-48 李炫周

（六）溪边民居、田园风光

运用马克笔表现古民居建筑，我们将线稿画好后，再根据建筑的色彩定位，确定整体的色调关系，并选用不同颜色的马克笔。一般而言，古建筑的写生表现颜色不易太多，砖石墙、木结构的表现以灰色系为主，有三四支不同深浅的马克笔即可。质感的表达可以借助彩铅；绿色植物、其他配景等依据不同的形态、不同的质感、不同的色彩关系，选择不同的笔触、运笔方法，"随类赋彩"，有三四种类型颜色，按照颜色的深浅、纯度的变化，需要二十支左右即可；落笔的轻重、笔触的叠加还会产生各种不同深浅、各种混色的变化效果；光线对于建筑物色彩冷暖的影响常常也会出现迷人的效果。这些我们只有勤于练习，熟练掌握马克笔的特性与表现的技巧，在写生绘画中才能做到有的放矢、一气呵成。

图3-49 袁征

点评：景观写生常常用"天空、水、云"来分割画面，有构图、章法的因素，但更主要还是表达画意。虚实相生、笔不到而意到，是一种由心营造的景，也是一种空灵的景。在马克笔写生着色时，先画大面积的浅色、灰色部分，后用纯色和深色作点缀；落笔要肯定、利落，运用的笔触要充分体现物体造型和色彩的契合，体现出马克笔的流畅与灵动。

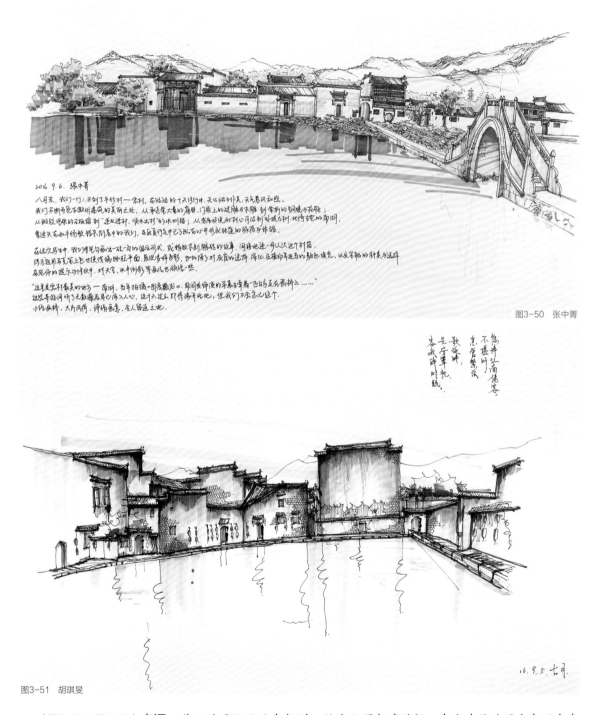

图3-50 张中菁

图3-51 胡琪旻

（图3-50、图3-51）点评：美丽的月沼让画者想到一段宋人周邦彦的词，在古建筑的写生表现中参照传统中国画的构图方式很是恰当。这两幅马克笔笔法运用恰当、合理，表现出了黑瓦白墙的朴素之美。水与建筑的完美结合，无不与中国画的审美趣味"心心相印"。

图3-52 谭逸儒

图3-53 谭逸儒

（图3-52、图3-53）**点评**：取景构图、线稿、空间处理都还不错，马克笔灰色在黑白灰的处理上缺少变化，显得单调一些。

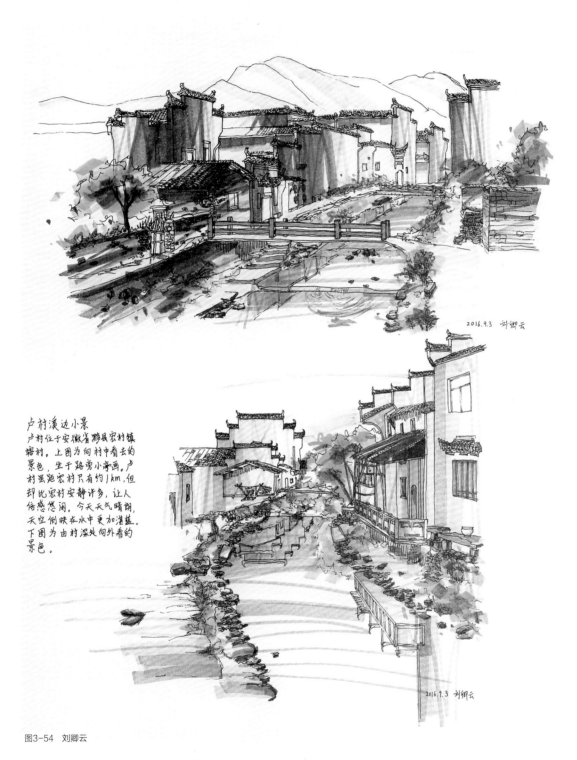

卢村溪边小景

卢村位于安徽省黟县宏村镇
辖村。上图为向村中看去的
景色，坐于路旁小亭画。卢
村虽距宏村只有约1km，但
却比宏村安静许多，让人
倍感悠闲。今天天气晴朗，
天空倒映在水中更加湛蓝。
下图为由村深处向外看的
景色。

2016.9.3 刘卿云

2016.9.3 刘卿云

图3-54 刘卿云

点评： 笔触生动，富有变化，画面对于冷灰色调的把握、使用上还好。

卢宝村

日卢村与宏村坝位于
安徽黟县,两村距离很
近,都是非常热门的参
观徽派建筑的景点,
到了周末游客尤其多。
这两处景点,都有免
费写游会带游客参
观解说,图中的卢村、
宏村各一处景观都
是在游临栈路内的
一道风景,给人留
下非常深刻的印象。

林旭颖
2016.9.

图3-55 林旭颖

点评: 建筑物线稿表现准确,马克笔的描绘也轻松灵动,上图山墙的蓝灰色以及绿色的一些处理有些突兀,衔接应该自然一些。

卢村，又名雉山村，距宏村内的5分钟车程。
西图中的河流为村西小溪名下门溪，只画图一花上流。
图二花其下。村中有水州，其从村西下门溪横穿蜿蜒，
碧水潺潺、回返。由村东头出游上前街溪，是徽州古村
汩汩流住草水的实例。
  图一的取景其在一桥底，从溪岸边砌门下去
便可到达。头顶有桥底阴影，身边又有美丽的
蓝点黑蝴蝶飞过，悠为惬意。
                        2016.9.3.卢村.
                          张中菁

图3-56 张中菁

图3-57 王嘉欣

图3-58 李沙沙

（图3-57、图3-58）点评：在外地实习，我们要充分利用马克笔本身材料性能的长处，以其方便快捷、丰富、明快的色彩来表现景观。在古民居建筑、田园的景观写生表现中，还有许多不同的景物，如各种不同的石板路、植物、水流倒影及天空上的云彩等，这些也是非常重要的：它们在画面整体氛围的营造中，起到了至关重要的烘托作用。

（七）水乡古镇

　　"刚刚还是一片模糊的青砖碧瓦，绿波蓝袖，转而红彤彤的灯笼登上了舞台。天际只剩下了或三角或梯形的轮廓，天黑了。背着满载的画板，穿梭于比肩的街巷，石板路上，我们的脚步既重又轻。重，一天的辛劳。轻，收获的愉悦。酒吧中陶醉于自我的人们，发呆，乱舞，戏谑，聊天，畅饮。躲在这个小镇，躲在这一隅，此刻忘记所有吧！而也许此刻的对面，坐着一对老夫妇，你一句我一句说着，似有若无的话，讲述自家的生活。又也许，还有游客走走停停，碍于面子或准则，心痒地窥探酒吧的内里，他们只是过客。这就是西塘夜，一番喧嚣而过，重归宁静平和。我们也是过客，只不过，我们是背着画板的过客。"

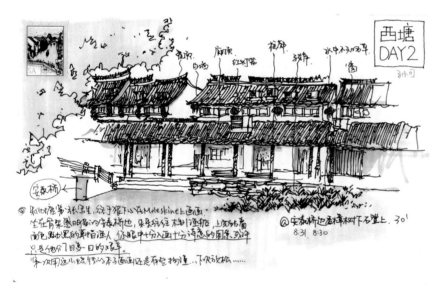

图3-59　孙可

　　点评：马克笔只是一种工具，有其特点但毕竟还是以画为主要，顺其自然，需要画意、画味。

蒋若薇同学的这段笔记正是我们实习生活的写照。在实习生活中，吃、住、行安全的考虑，每天写生的辛苦，老师责任的重担，都似乎冲淡了写生实习本身的重要性。但，这段相对集中的实习写生时间，对绘画水平的提高是必不可缺的！在这段时间里，同学们对中国传统民居建筑有了直观的了解、认识，为以后的专业学习打下良好的基础。

图3-60 孙可

（图3-60、图3-61）点评：概念书店、布兰兔的茶、驻唱歌手成为同学们的画中最爱。孙可也很会画，没几天速写本就画得满满当当，线条如写字般流畅，线由心生，笔随形转，我与同学们甚为折服。

图3-61 孙可

图3-62 陈亦凡

图3-63 陈亦凡

（图3-62、图3-63）**点评：** 过度的商业化让有些同学有点反感。画面有点拥挤，背景的层次可以再分开一些，马克笔的用色用笔还是达到了要求。

点评：
笔触画得很
疏松，与旧
木船的肌理
质感很吻
合。马克笔
在乎用笔，
但一切也要
为形而用、
为画所用。

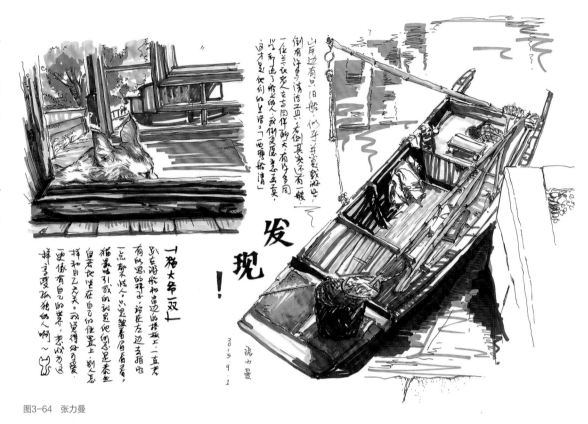

图3-64 张力曼

点评：
到写生地先
去寻找一些
村镇的标志
物，尽快熟
悉线路，不
至于老是迷
路。画面
以灰色调
处理也未尝
不可，稍加
些绿植、光
色，效果会
更好些。

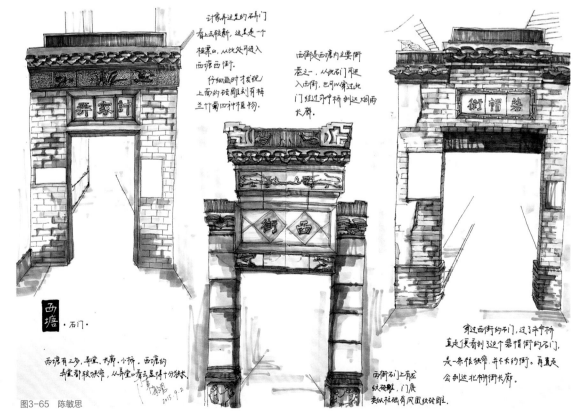

图3-65 陈敏思

图3-66 葛俊雯

图3-67 葛俊雯

（图3-66、图3-67）点评：暗棕色与灰黄色的对比，效果强烈，加上几点亮红色与空白的处理，画面显得很有力量。这种感觉是马克笔绘画不易表现的。

点评：暗棕色的廊并不让人觉得压抑，深绿与淡绿的衔接自然，表达出了光的明媚，为朴素的小院增色不少。线稿的表现有些随意，特别是路面的表达过于草率。

野草，院子长然乱乱的却很绿意盎然，很幽静，不起的植物，堆放了简陋如石块的角落里长出了的小巷，看见一个小而杂乱的院子，种了竹子和一些认在异乡入口处步勾小股距离后拐进一条人烟稀少

8刘葛俊雯

图3-68　葛俊雯

三生有回

— 寄一封明信片回家，在载逝这时的旅行风景 —
— 说一段怀旧，嘱一份温情 —

西塘游了它的西有许多之叶，被拍多了是一把是明信片了。
有的区游易养了一眶小猫小如引游易，有的店游园在邮摊上作了动作。
信鸽，古树配柜灯的弃干往塘情怀，图此记立在邮摊上作为邮往物是最合适个过的。
三生有幸，的惠励为难得的贴机缘。三生有回，何莫有有。
有人说信即是幸，而一位你记人都是穿越而来幅的。

西塘记，鲁忆足形丁，千盏灯更朦胧的色，不用稚和唯昏，体力省别相。
西塘记，真次在晨至。花雪晰乞草布林，暗霉水温闲塘洗，即笔而嘉寨。
西塘记，再水潭以及。水色雅克宽布洗。摊白唔将计唔滓，何处不相逢。

（图3-69、图
3-70）点评：这
两幅的马克笔
笔触都是长线
条为主来表现
的，加以平面
化的处理，装
饰感很强，也
很美。

图3-69 叶晓婷

图3-70 张瑞

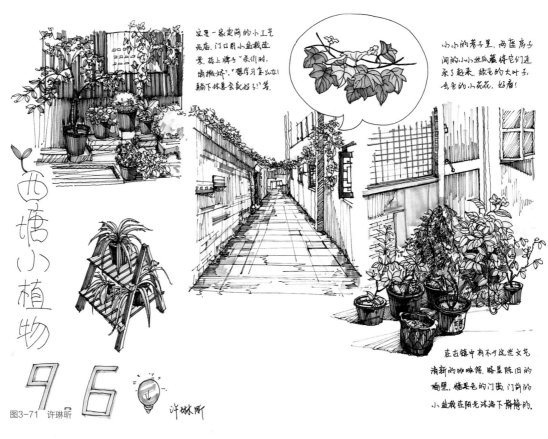

这是一家卖荷的小工艺品店，门口用小盆栽作景，插上牌子"亲们，拍摄勿扰"，"想学习怎么拍跪下来您会就好了"等。

小小的巷子里，两座房子间的小小丝瓜藤将它们连家了起来，绿色的大叶子，黄色的小花花，好看！

在古镇中有不少这些文艺清新的咖啡馆，略显陈旧的墙壁，糖果色的门窗，门前的小盆栽在阳光沐浴下静静的。

西塘小植物

9.6 许琳昕

图3-71 许琳昕

（图3-71、
图3-72）点评：
街面商铺、小
店布满了绿
植，生机盎
然。画这些也
成为园林班同
学的最爱，描
绘细腻，叶子
片片勾勒，用
油画棒增添一
些肌理，都还
不错。

9.10 西塘
妆点 王忱悦

西塘古建筑的细部有一些古老的石刻，木刻，固在为某个铺户门前门楣上的木刻，应该是做扶手使用，也浮偏黄。下图为某个古建筑廊下的一块小石刻，石刻上雕刻较少，磨损年代久远，斯是挂灯笼。左右各一。在西塘商渐而代化的进程中，西塘古镇中的小细部保存有了一份古朴。

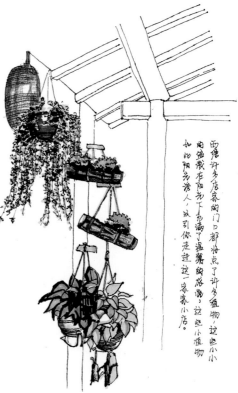

西塘许多店家的门口都布点了许多植物，这些小小的也栽在阳光下布满了温馨的格调，如此阳光赞人，以引你走进这一家家小店。

图3-72 王忱悦

图3-73 陈欣仪

图3-74 陈欣仪

（图3-73、图3-74）点评：店面招牌各式各样、五花八门，有的典雅、别致、精巧，有的朴素、粗犷、豪放。画这些不是很难，需要耐心细致地描绘出造型特点，分类着色即可。实习生活也丰富多彩，坐在"旧时光"里发发呆，暂时忘却作业的烦恼！

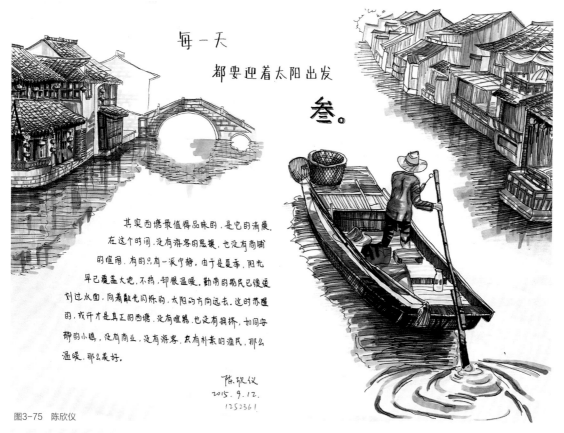

每一天

都要迎着太阳出发

叁。

其实西塘最值得品味的,是它的清晨.
在这个时间,没有游客的恩擾,也没有商铺
的喧闹.有的只有一派宁静.由于是夏季,阳光
早已覆盖大地,不热,却很温暖.勤劳的船民已缓缓
划过水面,向着融光闪烁的,太阳的方向远去.这时苏醒
的,或许才是真正的西塘.没有喧嚣,也没有拥挤,如同安
静的小镇,没有商业,没有游客,只有朴素的渔民,那么
温暖,那么美好.

陈欣仪
2015.9.12.
1252361

图3-75 陈欣仪

（图3-75、图3-76）点评：画面构图协调、透视空间感强,马克笔线条长短、曲直、笔触、点画运用灵活,随形而变。色彩也比较合理,或近处亮红色的点缀,远方暗红色红灯笼的描绘,或降低灯笼红色的纯度,都是为了更好地表达画面的意境。

图3-76 贾宜如

附：马克笔建筑画与视觉笔记教学安排

学期	课程节点	课时安排	教学简要	作业量
第三学期（17周，每周4学时）	一 马克笔概述及写生技法	1~5周	马克笔的教与学，马克笔用笔练习，静物写生训练	5幅
	二 校园景观写生表现	6~9周	校园植物、门厅、楼道写生表现	4幅
	三 城市景观写生表现	10~14周	城市建筑景观场景写生表现	5幅
	四 城市建筑视觉笔记表现	15~17周	城市街区景观的视觉笔记表现	2幅
实习（2周）	五 写生实习	2周	以视觉笔记表现来认识学习中国传统古民居建筑	15幅

后 记

近十多年来，马克笔绘画的迅猛发展，已经成为建筑设计、规划设计、景观园林设计、室内设计、环境艺术设计等专业学生必须掌握的基础技法，更成为其相关专业的基础课程。当前，为数不少的建筑相关专业的色彩基础教学从以水粉画作为主要的教学手段，改变为以马克笔写生表现为主的教学手段。作为建筑院校课程改革、发展的需要，理当顺应时代的发展，我们有必要为学生的学习助一臂之力，在教学课程大纲的指导下，适当安排马克笔的写生教学训练。

此书编写过程中，得到前辈严忠林教授、张奇教授、同事胡炜、何伟、郑允等老师的大力支持，非常感谢他们的付出与关照！感谢同学们的勤奋与配合！也感谢编辑王倩老师的帮助与辛劳！感谢同济大学建筑与城市规划学院的资助，使得此书得以顺利出版。

刘 辉

2017年1月